J. HASEGAWA
'98 3 22

大空に乾杯

長谷川淳一

もくじ

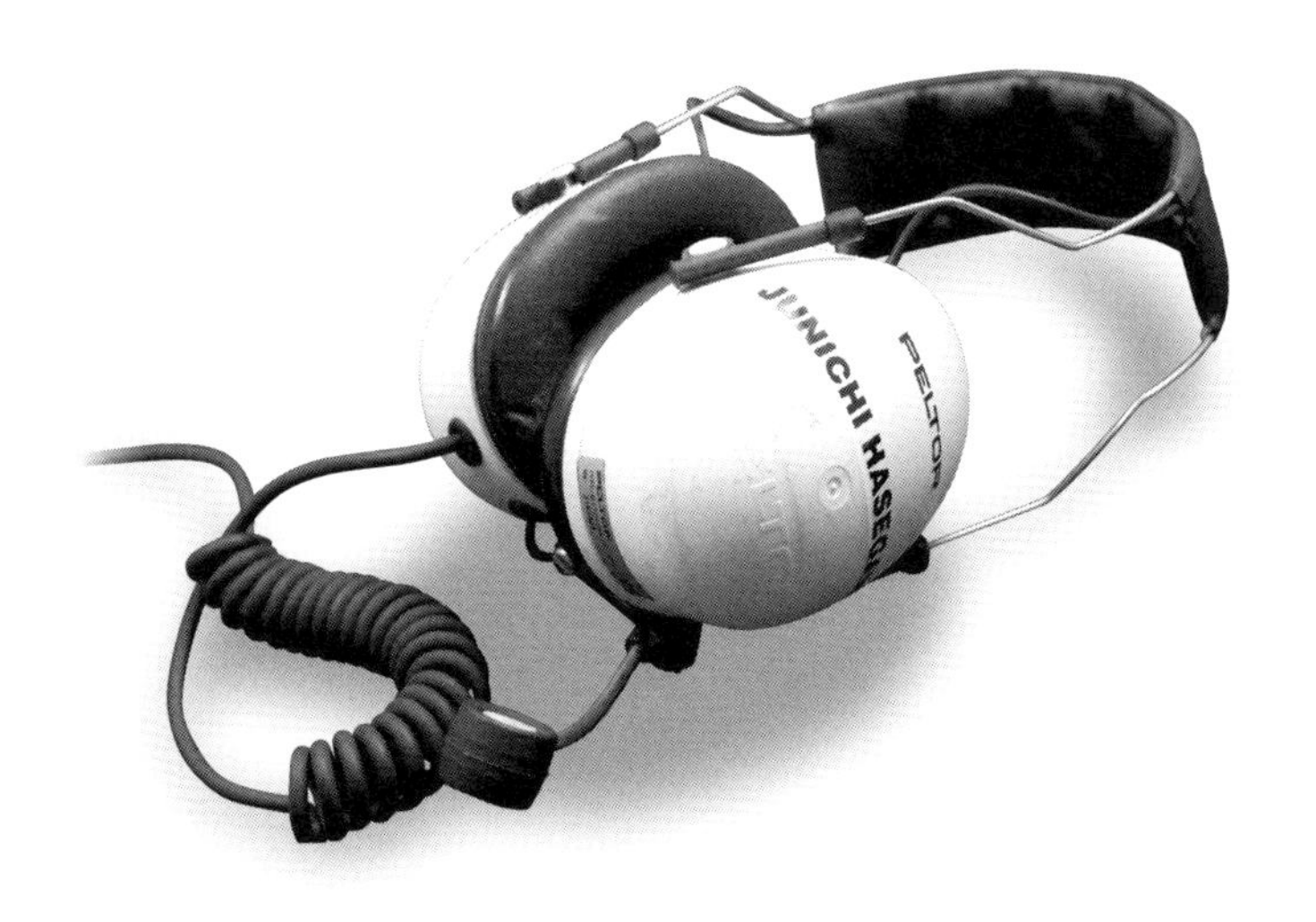

装丁　石田崇
制作　合同会社サンク
撮影　小林直樹（P37、49、59、85、179）

Prologue

飛行機パイロットに なろうと思った日

まさかニュージーランドで飛行機に出会うとは思ってもみなかった。

そのとき一九九六年（平成八年）の七月である。ぼくは三一歳であった。

仕事で行ったニュージーランドの田舎町に、小さな飛行場があった。

その飛行場にはバラック小屋と呼んでさしつかえないオンボロのハンガー（駐機庫）があり、その近くの野外に数機のプロペラの小型飛行機が置いてあった。

いずれも機体の塗装の半分が燻（くす）んだ色だったので、とても古臭く見えた。そのうち一機は主翼が二枚ある複葉機だった。そもそも複葉機といえば、一九一〇年代の第一次世界大戦の時代の古い飛行機ではないかと思った。なにしろ本物の複葉機を自分の目で見たのは初めてだったから、驚きもあって見入っていたのだろうが、博物館に展示されているような飛行機だというのが最初の印象である。

どう贔屓（ひいき）目で見ても最新鋭の科学技術で設計製造された航空機には見えない。カッコいいかカッコわるいかといえば、レトロ・モダンが好きな人はカッコいいと思うだろう。ぼくは一九五〇年代の古き良きアメリカ車の美しいデザインを彷彿させるスタイルだと思った。どちらにせよ最新のデザイン・モードではないけれど、可愛らしい風格さがあった。風が強い日だったので、強風にあおられて主翼をゆらしていたから、おもちゃのブリキの飛行機みたいだとも思った。その町は穀倉地帯の中心地なので、農場や牧場の見回りや農薬散布に使う農機具にしかならないような大昔の飛行機かもしれないと勝手な想像をしていた。

飛行機は地面から伸びた細い紐で翼をつなぎ固定してあった。風に飛ばされてひっくり返らないようにしてあるのだろう。その細い紐が洗濯紐に見えてしまうのだから、ぼくが見た素朴な飛行機の佇(たたず)まいを想像していただきたい。まるで西洋の絵本に描かれたおとぎの国にあるようなキュートな飛行機なのである。ここにある飛行機は本当に人が操縦して空を飛ぶのだろうかとさえ思った。

ただしぼくは、それらの飛行機を見下していたわけではない。むしろ強い興味を惹かれて見つめていた。古い飛行機に見えたのは事実だが、その存在のどこかに威厳というものを感じていたのだと思う。

ぼくは乗り物が大好きだが、その時分は飛行機についての知識がなかったのでわからなかったが、そこで見ていた複葉機はアクロバット飛行専用機のピッツスペシャルだったのだ。ようするに古典の名機である。ピッツスペシャルは鍛え抜かれた名刀みたいな飛行機だ。だから古臭い飛行機だなと思いつつも、本物が持つ迫力を感じて見つめていたのかもしれない。もう一つ言えば、ニュージーランドの田舎町の小さな飛行場だと思ったこの飛行場も、実は南半球最大の航空ショーを開催する航空機ファンには有名な飛行場だった。

ふいに出くわした飛行場で、さまざまな想像力を働かせて楽しみながら、ぼくはプロペラ飛行機を眺めていた。

いまあのときの気分を回想すると、もうすでに飛行機に心をすっかり奪われていたのだと思う。

なぜ、ニュージーランド

ところで、ぼくが何でニュージーランドで仕事をしていたのかを説明しておかないと、この先の話へつながっていかない。

ぼくはこのときも、そしていまも、日本の自動車メーカーのサラリーマンである。大学の理工学部を卒業し自動車メーカーに就職して以来、一度は会社をかわったけれど、ずっと自動車開発のエンジニアの仕事をやってきた。研究所の現場で働いたり、本社の技術部門で働いたりと、国内において何度か転勤を経験している。日本の自動車メーカーはいずれも日本国内だけでクルマを製造販売しているのではなく、世界中あちこちの国々でクルマを製造したり販売したりしている。したがってぼくたち従業員は世界中あちこちの国々で働くことになる。

このときぼくは、オーストラリアのメルボルンにある技術部の事務所への駐在を命じられて派遣されたばかりであった。この事務所での仕事は大きくわけて二つあった。

一つはオーストラリアやニュージーランドなどオセアニア地域で製造販売する新型車を開発するときの現地における性能確認である。日本でオセアニア地域向きに開発されたクルマが、この地域に合致した性能を発揮するかどうかを確認する仕事だ。またオセアニア地域で製造販売しているクルマが、どのように使われ、いかなる問題をかかえるかを、いち早く摘出して、技術的に分析し日本の技術部に報告することだ。例えばオーストラリア内陸部の広大な砂漠地帯では、日本では考えられないようなクルマの使用環境があるから、こうした環境で発生した問題は現地を肌で知らなければ正確に分析できない。

もう一つは、オーストラリア南側やニュージーランドが、南半球のおおよそ南緯三〇度から五〇度に位置していることに関係している。この南半球の地域は、北半球のおおよそ北緯二五度から四五度に位置する日本と季節が真逆だ。つまり日本の八月は真夏だが、この南半球の地域の八月は真冬なのである。日本が春なら、ここは秋。日本が秋なら、ここは春である。

この真逆の季節であることが、日本の自動車メーカーにとって大変に便利なのである。つまり日本では冬にしかできない厳寒試験とか雪道試験が、オーストラリアやニュージーランドに行けば、日本の夏に冬の試験ができるからだ。オーストラリアでも冬になれば雪が降る地域があるけれど、その地域は少ないので、もっぱら雪道試験は雪が降る地域が多いニュージーランドでやる。

このニュージーランドでの雪道試験を開発計画に組み入れると、クルマの開発のスケジュール設定の自由度が上がり、開発期間の短縮が可能になり、ひいては開発コストを低減することができる。もちろん日本の夏に、南アメリカ大陸とアフリカ大陸の南半分へ行けば、そこもまた季節が真逆なので冬の試験ができるが、日本からの距離が遠く、出張費用や輸送費用が高くつくとか、治安がよくないといった問題があるので、何といってもニュージーランドがベストだということになっていった。なにしろ時差にしたって通常三時間（サマータイムの季節は四時間）である。このような海外テストは、ぼくが働いている自動車メーカーだけがやっていることではない。いまも日本の自動車メーカー各社やタイヤメーカー各社の技術開発チームは、日本の夏にこぞってニュージーランドへ行き雪道試験をしている。

このオーストラリアやニュージーランドでの雪道試験を実施するための準備や現場アレンジが、メルボルンの技術部事務所の重要な仕事の一つであった。大挙してやってくる試験チームの要望にあわせてテストコースの路面を改良したり、計測器や試験車両の輸出入通関がスムースにいくよう事前手配をかけるのもメルボルン事務所の担当であった。

というわけでぼくは、自動車技術と技術開発の方法をわかっているエンジニアとして、メルボルンの技術部事務所の駐在員になったのである。メルボルンはシドニーと並んでオーストラリアの二大都市であるが、どちらも首都ではない。オーストラリアの首都は一九〇一年(明治三四年)の独立のときに新しく町がつくられたキャンベラである。メルボルンはオーストラリアが大英帝国の国であったことを如実に感じさせる、落ち着いたイギリス風の大都市だ。オーストラリア国ビクトリア州の州都である。国際ハブ空港がある現代的な大都市のシドニーとは、個性を異にする古風な味わいのある町だ。

そのようなメルボルンへ派遣され、とりあえず単身のホテル生活をして、前任者から仕事の引き継ぎ業務を開始した。仕事を引き継いで覚えながら、同時に住む家を探したり、船便で運ばれてくる引っ越し荷物を待ったりして、駐在生活を整えていくのである。事務所に勤めるオーストラリアの現地スタッフと共にする新しい仕事に、ぼくはやりがいを感じて燃えていた。一九九六年(平成八年)の七月であった。

つまり七月ということは、すでに書いたがメルボルンもニュージーランドも真冬である。当然、雪道テストのために日本から試験チームがやってくる。ぼくも駐在開始そうそう仕事の引き継ぎのために、さっそくニュージーランドでの雪道試験に行くことになった。だからぼくはニュージーランドにいたのである。

少しばかり説明が長くなってしまったが、ぼくがただのサラリーマンであることは重々ご理理解いただきたい。何らかの才能があったり特別な資格があるフリーランスでもなければ、商才のある自営業でもない。昔の言葉でいえば、しがない月給取りが、海外駐在によって飛行機操縦趣味に手を出したという話をしたいのである。いま考えてみても、こんなチャンスは一生に一度だったと思う。

ワナカの飛行場

ぼくがふいに見つけた飛行場で、たまたま見かけた小型飛行機に魅了されたのは、ニュージーランドのワナカという町であった。

ニュージーランドは二つの大きな島とたくさんの小さな島で構成されている島国である。二つの大きな島は、北島と南島だ。北島は日本の北海道に似た形をしていて、首都ウェリントンがあり、当時の国民総人口三七三万人の約七五パーセントが生活している。有名な都市はオークランドだ。もう一方の南島は、こちらも日本の本州に似た形で、人口が少ない大自然が展開する島だ。この南島の最大の都市はクライストチャーチである。

そのクライストチャーチまで、メルボルンからジェット旅客機で飛んで、空港でレンタカーを借りて、山岳地帯サザン・アルプスへと五〇〇キロメートル走ったあたりに、ワナカの町があった。サザン・アルプスにはニュージーランドの最高峰である標高三七二四メートルのマウント・クックがあるが、ワナカの標高は二九〇メートルほどで高地ではない。レンタカーで走ってきた道も、山深い九十九折の山道ではなく、丘陵地隊を走る広々とした風景だった。

ワナカは美しいワナカ湖のほとりにある小さな町だ。世界的に有名なリゾート観光地らしく、たしかに風光明媚なところである。その美しい風景は「渓谷と川と湖が織りなす幻想的な風景」とさえ紹介されるほどである。ぼくは古き良き時代の富士五湖の一つである山中湖の風景を思い出した。

春夏秋冬の山歩きの楽しみは素晴らしく、透明度の高い湖や川では大きなマスが釣れ、夏には水上スキーやカヌーなどのウォータースポーツが盛んなリゾート観光地だ。ワナカはニュージーランドのマッターホルンと言われる秀峰のマウント・アスパイリング（標高三〇二七メートル）の麓にあたり、このエリアはマウント・アスパイリング国立公園に指定されている。もちろんウィンタースポーツも盛んで、湖を見下ろして滑り降りるスキー場もある。山の上までヘリコプターで連れて行ってもらって自然のままの地形を滑る「ヘリスキー」も人気があるようで、こうしたアクティビティ（活動的なリゾート遊び）のパンフレットが、ぼくたちが泊まっていたホテルのロビーにたくさん置いてあった。

山のようなパンフレットのなかで、ぼくの興味を惹いたのがアクロバット飛行のアクティビティだった。この町の飛行場で見た、昔の複葉機のような機体が背面飛行をしており、搭乗している女の子の顔が引きつっている写真が大きく掲載されたパンフレットがあった。ぼくはそのパンフレットを手に取り、じっと眺めた。

「ジュン、これに興味があるのか」と、ニヤニヤしながらグレンが言った。

グレン・ガンボルト君は、駐在仕事の相棒となるメルボルン事務所の現地スタッフだ。年齢は当時三三歳で、インテリジェントだがタフな雰囲気を漂わせる男である。

メルボルンに派遣されて初めてグレンと会ったのだが、最初から気が合うところがあった。初対面のときお互いに自己紹介を終わらせたあとには、彼は自分を「グレン」とファーストネームで呼んでくれとぼくに言い、彼がぼく（淳一）を「ジュン」と呼んでいいかと言ったので即座にＯＫした。たぶんぼくたちふたりには共通の趣味があったことが、相互の理解を会った瞬間に深めたのだと思う。それは自動車スポーツのラリーというレース競技である。グレンはセミプロ的なラリー・ドライバーで、ビクトリア州ラリー選手権のチャンピオンになったこともある現役だった。ぼくも学生時代にラリーに夢中になり、学生時代はバイトの稼ぎをすべてラリーにつぎこみ、サラリーマンになってからは給料のほとんどを投げ打って結婚するまでラリーに出場し、思う存分ハイスピード・ドライビングを楽しんでいた。この手のエキサイティングな乗り物に惹かれる者の感性は似ているのだろう。言わなくてもわかりあえるところがあるものだ。

そのエキサイティングな乗り物のなかに、もちろん飛行機も入る。ぼくがアクロバット飛行の写真を見つめていたときに、グレンがニヤニヤして話しかけてきたのは、グレンも飛行機が好きだったからだ。しかもグレンは飛行機について、ぼくよりも多くのことを知っていた。

「これはピッツスペシャルと言ってエアロバティック専用の飛行機なんだよ」

グレンは言った。「エアロバティック」とは、そのとき初めて耳にした単語だった。アクロバットとは呼ばずに、新しい言葉でエアロバティックと言うと、たしかにカッコよく聞こえる。グレンには通じないけれど曲芸飛行という日本語もいいなあ。

グレンの話でぼくは、ピッツスペシャルという曲芸飛行専門の機体があることを初めて知った。ピッツスペシャルはエアロバティックの世界では誰もが知っている複葉機だそうで、この機体は一九四四年（昭和一九年）に初飛行したという。それがエンジンを高馬力にし、徹底した軽量化や形状変更などさまざまなリファインを続けてきて、現在でも曲芸飛行専門の花形飛行機として製造販売されているのだ。凄い飛行機なのである。クルマの世界でいえばヒストリックカーが、フィギュア＝ジムカーナ競技に現役レーシングカーとして出場しているようなものだ。これは自動車の世界では、とうてい考えられない。

ぼくが感心してグレンのする飛行機の話を聞いていたので、彼はオセアニア地域の飛行機事情を次々と話してくれた。

「ワナカはウォーバード（昔の戦闘機）が世界中から集まるエアショーが開催されることで有名な飛行機の町なんだよ」

なるほど、道理でそれらしいポスターがワナカの町のあちこちに貼られていて、ショーウィンドウなどの飾りに昔の戦闘機の写真や模型が目立つと思った。昔の戦闘機をウォーバードと呼ぶのも初めて知った。上手いことを言うものだと思った。

グレンの話を聞きながら、ぼくは夢中になって飛行機のアクティビティのパンフレットをあさっていた。曲芸飛行だけではなく、小型飛行機の各種遊覧飛行があり、一時間ほど近場を飛ぶだけのものから、数時間をかけて西岸のフィヨルド地方を訪れたり、ニュージーランド最高峰のマウント・クックまで行く南島の見どころを丸一日かけて回るコースまで、いろいろなアレンジができるらしい。ぼくはもう飛行機に乗りたくてうずうずしていた。

「面白そうだな、乗りに行こうか」と、ぼくはグレンを誘った。グレンは笑顔でうなずいていた。

ぼくとグレンはさっそく電話で予約を入れ、この週末の休みを飛行機のアクティビティで過ごすことにした。

素晴らしき遊覧飛行

待ちに待った週末がやってきた。その日は澄み切った快晴だった。

ワナカ空港へ行って、遊覧飛行の看板をかかげる建物のドアを開けた。せいぜい一〇人が入れる程度の小さな待合室にカウンターがあるだけのオフィスだ。そこで受付けをして裏手にまわると例のブリキの飛行機があった。単発エンジンの古そうなセスナ機である。セスナは主翼を屋根の上に載せた高翼機だ。

選んだフライト・ツアーは、グレンが勧めてくれた三・五時間コースで、ひとり料金が約三万円だった。ちょっとした贅沢だと思える金額である。

今日のパッセンジャーは、ぼくたちふたりの他に白人のおじさんがひとり。乗員はパイロットを入れて計四人である。小さなセスナは前席二席、後席二席の四人乗りなので定員だ。

さて搭乗となったが、パイロットの操縦席は前席の左側なので、その右側の席が操縦や計器を見ることができて面白そうだったのだが、白人のおじさんが要領よくさっとその席を占拠してしまった。仕方ないのでぼくとグレンは2ドアのスポーツカーに乗るときみたいに、パイロットが乗っていない操縦席の背もたれを倒して後席に乗り込んだ。

後席にグレンとふたりで並んで座ってみると、軽自動車の後席よりひとまわり狭いと思った。気になったのは、何だかカビ臭いというか埃っぽいような、それにオイルと排出ガスの臭いが混じった感じの、一種独特の臭いがしたことだ。

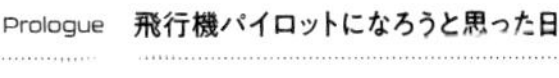

それにしてもこのセスナは古そうである。シートに羊の毛皮のカバーが掛かっているのは、いかにもニュージーランドっぽいのだが、カバーの下のシートの座面のビニールは擦り切れているし、ドアの内張のプラスチック部品も劣化して色落ちがしているどころか、ひび割れていたりする。クルマだってこんなにすすぼけたものは見たことがない。

大丈夫なんだろうか。何せ小型飛行機に乗るのは生まれて初めての経験だったのでドキドキものだった。いくら週末の休日の自由時間とはいえ、長期出張旅行の最中に得体の知れない飛行機に乗って墜落でもしたら笑い事では済まされない。

そうこうするうちにマイク付きレシーバーをつけたパイロットが乗り込み、なにやら計測器の調整をしたあとに、おもむろにエンジンをかけた。これは自動車と同じようにセルモーターでエンジンを始動するようである。ところがセルモーターは、バッテリーが上がりかけたクルマのように、元気のない音をギュルンギュルンとたてて頼りない。機体の鼻面についている二枚羽根のプロペラが、手でまわしているのではないかという程度のゆっくりとしたスピードで回転する。大丈夫かと思って見ていたが、四回、五回とセルモーターをまわしてクランキングすると、バ・バ・バ・バと爆発音をたてて、ようやく無事にエンジンが始動した。

ただしエンジンは、バ・バ・バ・バというかド・ド・ド・ドという鈍い音と動きで、農耕機のエンジンのように低回転でまわっている。ガソリン・エンジンなのだろうけれど、実は低回転域でまわるディーゼル・エンジンではないかと疑ったぐらいだ。その頃のぼくは、飛行機をよく知らなかったので、飛行機を自動車と比べて理解しようとするのだ。自動車のエンジンは低回転域から高回転域までまわすが、飛行機のエンジンはディーゼル・エンジンのように低回転域でまわすものだと知らなかった。もっと言えば、そもそも飛行機と自動車は、エンジンを原動機としていることだけが同じで、まったく異なった乗り物なのである。空を飛ぶ飛行機と地面を走る自動車は、比べものにならない、まったく別の乗り物だ。

飛行機を知らない飛行機好きのぼくは、その排気音がうるさいのも気になった。隣のグレンに話しかけるにも怒鳴らなくてはならず、こんなにも騒音をたてる乗り物なのかと思った。

このエンジンの排気管には消音器＝マフラーがついていないのかと、自動車エンジニアのぼくはいぶかしがる。自動車エンジンをいかに静かにするか、ぼくたち自動車エンジニアはそのことに悩み、静かにさせようと技術的に挑戦し、努力と苦労で静かにしてきた。だけれど、それは自動車の話であって、飛行機の話ではないことが、当時のぼくはよくわかっていなかった。

エンジンが安定してまわると、小型飛行機が動き出し、気がつくとぶるるんとあっけなく飛び立っていた。

おそらくぼくは、自分ではわからないぐらい興奮して、無我夢中になっていたのだと思う。飛行機が滑走路まで移動し、そこでエンジンを全開にして滑走し、飛び立ったときの感動が、言葉で記憶に残っていない。目をつぶれば、あのときに見た離陸シーンが映像として、まざまざと蘇ってくるのだが、それはまるで映画のような記憶なのだ。文字で書いた文章や詩、俳句を一句読むといった言葉の記憶ではない。きっとぼくは、まるで小学一年生のように、ただただ喜んで嬉しくて、興奮して楽しんでいたのだろう。

空からの景色は素晴らしかった。真っ青に澄んだ湖面のワナカ湖を越え、目の前にそびえるマウント・アスパイリングの山頂へと向かった。

すでに書いたがこの山は標高三〇二七メートルであるから、ぼくらが乗ったセスナは高度三〇〇〇メートルをゆうに超えた高度で飛行していた。なぜなら距離にして二〇〇メートルほど眼下にマウント・アスパイリングの頂上が見えている。

山頂付近は切り立った雪稜になっていた。ここを登るにはかなり高等なクライミング技術が要求されそうだと、高校から大学まで山登りのクラブに所属していたぼくは興味をそそられた。実際に山頂をめざして登っているクライマーがいたら、その真剣な表情までわかるぐらいの距離をぼくらは飛んでいた。ジェット旅客機の窓から見る下界の景色もきれいだが、それとは臨場感がまるでちがう。

だけれど、素晴らしい景色を見せてくれようとパイロットが、尖った山頂の至近距離を旋回するたびに、ぼくはまた不安になった。操縦席の正面にたくさん並んだメーターが、後部座席のぼくからも見えるのだが、その真ん中下ほどに燃料計らしきメーターが二つあることに気がついていた。二つあるということは、たぶん燃料タンクが二つあって、それぞれのガソリン残量を示しているのだろう。だが、ぼくが不安になったのは、飛行機が旋回するたびに、二つのメーターの針が右に行ったり左に行ったりして、完全に振り切れるからである。ようするに針が満タンを示したり、ガス欠状態のカラを示したりするのだ。もちろん旋回するたびに遠心力によって、燃料タンク内のガソリンが傾いて、メーターの針がそう動くということは理解できる。しかし、この不安定で大雑把なメーターの動きで、正確な燃料の残量が把握できるのだろうかと不安になっていたのである。いきなりガス欠になってエンジンがストンと止まったりしないんだろうな。

隣のグレンも同じことに気づいたみたいで、ぼくに向かって両手の人差し指を一本づつ立て、クルマのワイパーのように左右に揺らして見せた。ニヤニヤ笑っているので、本気で心配しているのではなさそうだ。

そのうちセスナは、岩と氷の山岳地帯を越えて、海へ出た。眼下に西海岸のフィヨルド地帯が見える。いったんは外洋の上まで出たが、狭い湾口へ向かってUターンすると、フィヨルドで長く深く削りとられた湾口のなかに飛び込んでいく。つまり今度は、両岸が高さ一〇〇〇メートルの絶壁の峡谷を飛ぶのである。その絶壁と絶壁の間は数百メートルしかない。絶壁を眺めていると高さ一〇〇メートルほどの滝があった。眼下は海である。これはたしかに日本では絶対に見られない、息を呑むワイルドな風景だ。しかもそこを飛ぶセスナの何とスリリングなことか。インディジョーンズの冒険活劇映画のワンシーンのようだ。

このまま一〇キロメートルほど飛ぶと、峡谷の一番奥というか、両側の絶壁と眼下の海が三方塞がりになった行きどまりの平地というか、そこに短い滑走路があり、着陸した。ワナカからここまで約一時間の飛行だった。

滑走路の脇にビジターセンターがあり、すぐ近くまでせまっている海には桟橋があって遊覧船が泊まっている。パイロットは「ここで待ってるから」と言って、ビジターセンターの横の控え室のようなところに入っていった。

遊覧船観光が今日のコースに含まれているとパンフレットに書いてあったが、これのことであろう。小さな遊覧船に乗り込むと、そうそうに離岸した。いま飛んできたばかりの方角を見ると、正面にはフィヨルドの狭い海から急峻にそそり立つ三角形の山がある。

「あれがマイタービーク。一六九二メートル」とグレンがおしえてくれた。この一帯はミルフォードサウンドというニュージーランド南島の最も有名な景勝地で、ワナカからは陸路でくると六時間もかかる秘境である。

なるほど絶景かな。感動的に美しいところだ。ニュージーランド南島へきた観光客ならお目当ての景勝地だろうし、グレンにしてみれば仕事で相棒になったぼくのような駐在者を何度も連れてきたであろうが、ぼくはこんな絶景がニュージーランドにあることさえ知らなかった。それほど美しい風景であった。

両岸を高い壁に挟まれたフィヨルドは、海といってもまったくなく、湖のように平らな水面であった。絶壁がそのままの角度で海中深く切れ込んでいるようだから、たぶん物凄く深いのだろう。水はとても透明度が高いが、深すぎて海底が見えない。吸い込まれそうな濃い青の海である。

遊覧船のキャビンにはシーフードサラダやサンドウィッチなどがビュッフェ形式で食べられるようになっていた。ビールは別料金だったが、飲まずにはいられない。興奮と感動の連続で乾いた喉にビールを流し込むと旨く、絶景を肴にして一杯やりながらクルージングを楽しむという贅沢な時間になった。往路は峡谷の左岸に沿って下り、湾口の近くでUターンして今度は右岸沿いに帰ってくる二時間弱の航海だった。途中、岩の上にアザラシやペンギンがいたり、海にはイルカも見えた。これほどの景勝地で野生動物まで楽しめるのだから日本人の客も多いようで、このクルージングのパンフレットには日本語バージョンもあった。船内のナレーションは英語だったが、かろうじて聞きとったことによると、クイーンエリザベス号の世界一周クルージングにもこのミルフォードサウンドでの停泊が含まれているそうである。

思いもよらない感動を味わった遊覧船観光が終わって桟橋へ戻り、ビジターハウスのある滑走路で、再びセスナに乗り込む。今度は着陸したときとは逆向きに、海に向かって離陸すると、峡谷のなかでグルグルと旋回しながら高度を稼ぎ、峡谷の上に出て内陸へ向かった。そして再び岩と氷の世界を間近に見ながらワナカへと帰った。

セスナの燃料タンクのメーターの針は、相変わらず右に左に振り切れていたが、もうぼくは不安にはならなかった。

エアロバティックの衝撃

ワナカ空港に戻りセスナを降りると、次はピッツスペシャルのエアロバティックに乗ることにした。この空港にある曲芸飛行専用機のピッツスペシャルは、前席ひとり、後席ひとりのタンデムふたり乗りで、乗客は前席に座り、パイロットは後席で操縦する。

「次はエアロバティックに乗りたい」とぼくが言ったら、グレンは満面の笑みをつくってうなずいた。エキサイティングな乗り物好き仲間の意思疎通はハイスピードだ。

エアロバティック・アクティビティの受付デスクがある小屋へ行くと、年の頃なら二三、二四ぐらいの革ジャンを着たお兄ちゃんがいた。「乗りたい」と申し出ると「イエス」と答えた。「これはハードな飛行だから、大丈夫か」ぐらいのことは念押しされるかと思っていたが、何も言わなかった。このエアロバティック・アクティビティは二〇分間で、料金は八〇〇〇円だった。円高のピークではあったが、ファンタスティックな体験ができるのだと思えば、あまりにも安い。

すぐに目の前のデスクに一枚の書類が出てきた。「万一の事故の際にも責任は問いません」といったお約束の書類だ。ざっと読んで、サインすると、手続きはこれで終わりだった。

「さぁ行こうか」と若いお兄ちゃんが声をかけたので、一緒に小屋の裏手にまわると、先ほどの燻んだ色のセスナとは違い、ツヤツヤの黒い機体に派手なカラーリングが施された小さな複葉機があった。

ぼくはお兄ちゃんの指示にしたがって、前の席に乗り込む。セスナはドアを開けて乗り込んだが、ピッツスペシャルにドアはない。下の翼の付け根あたりに足を置く場所があって、そこに足をかけて、よじ登るようにして前の席に滑り込んだ。いちおう前の席は乗員のためのパッセンジャー・シートになるのだが、もはやコクピットと呼ぶべきシートである。

シートベルトは両肩と両腰を固定してしまうレーシングカーのような四点式で、搭乗を手伝っていたお兄ちゃんがぐっと締め込んでくれると、体がぴたりとシートに張りつくようにがっちりと固定された。万が一の事故のとき以外は締めつけを感じさせない自動車の三点式シートベルトとはわけが違う。

コクピットでカメラ撮影していいかと聞いたら、自分の責任で保持できるのならOKと言うので小型のビデオカメラを持ち込んだ。そういえば昔アメリカで、垂直型落下式ジェットコースターと呼べばいいのかフリーフォールを初体験したときも、ビデオカメラを構えながら乗った。落下の加速度で仰天してカメラを落としそうになったが、そもそも日本だったら危険だといわれてビデオカメラを持ち込むなど絶対許されないはずだ。西洋文化は自己責任の概念が強いというのは、こういうことでもあるのだろう。

後ろのコクピットにお兄ちゃんが乗り込んだ。このお兄ちゃんがパイロットなのであろ。お客の受付から操縦までひとりでやる個人営業なのかと思う。お兄ちゃんは計器のチェックなどをしたあとに「気分が悪くなったら合図をしてくれ」と言い、ぼくは右手の親指を立てて分かったと答えた。四点式のシートベルトで、しっかりと体を固定されているので、振り返ることもできない。

ピッツスペシャルが動き出したと思ったら、あっという間に離陸していた。キビキビと旋回しながら滑走路の上空をどんどん上昇していく。セスナと比べものにならないスピードで飛んでいるのがよくわかる。クルマにたとえれば、セスナはセダンで、ピッツスペシャルはレーシングカーだと思った。猛烈なスピードでどんどんと一気に上昇していくのだ。

地面がだいぶん小さくなったなぁと思った頃、後ろから「さぁいくぞ」と声がかかり、同時に機体はぐっと前に傾き一瞬の急降下。次の瞬間にはぐいと機首が持ち上がる。つまり空中回転が始まった。

このときに撮影したビデオを見てみると、急降下したとたんにぼくは思わず「おおおおっっ」と声に出して仰天している。撮影した映像は、滑走路に向かって落ちていくシーンのあと、次の瞬間は空に向かって急上昇しているシーンが、何回も続いていた。

急降下のときは、胃袋が喉の方に急激に上がってくるような感覚になり、急上昇が始まると、胃袋を腹の下の方へ引きずり下ろされるような感覚がする。

空中回転をループ飛行と言うのだが、ループは輪という意味だから、この飛行を横から見ると飛行機が広大な円を描いてぐるぐると飛んでいる。広大な円の頂点へ飛行機が向かうとき、乗員は逆さまに吊り下げられているのと同じ重力をうける。そこから円の底部まで前に向かって落ちていくときは加速度がかかる。そして円の底部で機首を引き上げるときは、地球の重力に逆らって上昇するから強烈な重力がかかる。

ぼくの目の前にあった計器によると、その重力は四G強である。すなわち自分の体重が四倍になってシ

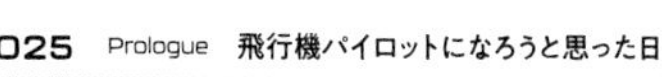

ートに押しつけられる。右手に構えていたカメラが重い。そりゃそうだ。実際には一キログラムしかなくても、いきなり四キログラムに化ける。肩がツリそうになったが、最後まで意地でカメラ撮影を続けた。

しょっぱなから四連続ループ飛行で胃袋を痛めつけられたあと、背面飛行やバレルロール、インメルマンターン、スプリットS、ハンマーヘッドといったエアロバティック・テクニックが連続した。あのときの興奮を思い出して、申し訳ないがついつい専門用語を連ねてしまった。いまだから専門用語に馴染んでいるが、当時は何のことやらまったく分からなかった。

背面飛行は日本語漢字だからわかっていただけるだろうが、上下逆さまになって飛んでいる状態である。パレルロールは螺旋状に飛ぶテクニックだ。インメルマンターンは縦方向の急上昇Uターンである。Uターンした瞬間は背面飛行になっているから、そこでひとひねりして通常飛行に戻る。その反対の急降下する縦方向のUターンがスプリットSだ。

いずれも大技だが、ぼくが心底からどっきりさせられたのはハンマーヘッドである。急上昇でまっすぐ天に向かい、突如として失速し、真っ逆さまに地面へ向かって垂直に落ちていくマニューバ（航空機の動き）だ。もちろん、すぐに速度を回復させて通常飛行に戻る。だが、突如として失速したときは、何か操作に失敗して本当に墜落するのかと思った。肝っ玉がちぢみ上がったことは言うまでもない。

こうした曲芸飛行の大技が連続し、さらに五連続ループがあって、エアロバティック・アクティビティは終了した。およそ二〇分間、はらわたを揉みくちゃにされて地上に降りた。

この三年間は飛行機で遊ぼう

「楽しかった。充実した一日だったよ。君に感謝する」

宿へ帰るクルマのなかで、ぼくはグレンに言った。

まさかニュージーランドで人生初の素晴らしい飛行機体験をするとは思いもよらなかった。正直なところ日本では経験できない体験だろう。オーストラリア駐在が決まったとき、きっとかの地では思いがけない体験をするだろうと、不安と楽しみが入り混じった気分をちらりと感じたのだが、駐在をひかえて仕事が慌ただしく忙しかったし、オーストラリアへ来てからは不慣れな英会話で初体験の仕事を次から次へとやる日々だったので、その気分を忘れていた。初めて暮らす国で仕事をするのだから、注意深い言動が必要だという警戒感があって緊張していたが、よもやこんなに楽しいことが起きるとは考えもしなかった。日本ではできないような生活がオーストラリアではできるかもしれないと、あらためて思った。

めったに他人へ披瀝することはないが、生きているかぎりは自分なりに楽しく生きるための努力はいとわない、というのがぼくのモットーである。ただし、目的はあくまでも楽しむことで、努力は必要な手段と割り切っている。努力といっても、家を新築したときに建築会社へ、キッチンに大熱量の大型ガスコンロの設置をしてくれと伝え、そのことで炒め物を楽しんでつくり、美味しく食べるといった程度の努力にすぎぬ。趣味にのめり込んで本業にするなどということは考えたこともない。生活を楽しむだけだから、やればできそうなことを、やっているだけである。

だからぼくは、先程から疑問になっていたことをグレンに質問した。

「遊覧飛行の受付カウンターに貼ってあった料金表に『セスナ172　$114／Hr』と書いてあった。あれはどういう意味なのだろうか」

「あぁ、あれはセスナのレンタル料金だよ。一時間で一一四ドルってことさ。パイロットのライセンスを取得していれば、セスナを単体でレンタルして飛ぶことができる」

やっぱり、そうだ、と思った。この国にはレンタカーと同じようにレンタ飛行機があるのだ。だとすればパイロットのライセンスを取得すれば、自分で飛行機を操縦して自由に空を飛ぶことができる。こういう考えを日本の生活のなかでは発想したことはないが、ここでは可能だと思い始めた。

したがって、次の質問はこうなる。

「パイロットのライセンスは、どうやったら取得できるのだろう。知っていたらおしえてほしい」

グレンの回答は、予想どおりだった。

「オーストラリアもニュージーランドも、多分同じだと思うけれど、フライトスクールで五〇時間か六〇時間の飛行訓練を受ければいいんじゃなかったかな。友人でライセンス持ってる奴がいるから、メルボルンに帰ったら聞いてみるよ」

ここまで情報をもらえれば、このときのぼくは満足したという他はない。飛行機のライセンスを取得する道があり、それは日本の自動車免許教習所のように誰もが気軽に飛行機の操縦を身につけることができるのではあるまいか。もはや何をか言わんやである。すこぶる面白そうな計画がぼくの頭の隅に宿った。

実はぼくは、この数年前から日本でヨットに乗って楽しんでいた。日本でヨットといえば、オリンピックで見るような競技用ヨットを思い浮かべる人がいるだろうが、海の仲間がヨットといえば、数人のクル

自宅から歩いて5分の海岸で。赴任してから2ヶ月ほどして住居が整い、ようやく妻と息子を呼び寄せることができた。

息子の隼也は三歳半で渡豪することになったが、子供らしい適応力を発揮し、新しい生活にもなじんでくれたと思う。

メルボルン事務所の現地スタッフであり、ラリーの同好の士であることが判明したグレン君。現在も自動車に携わる仕事をしている。

ーで帆走させ、ヨットで寝泊まりしながら海の旅を楽しむヨットのことである。それがヨッーだと聞くと、何だかお金持ちの遊びのように思えるだろうが、ふとしたきっかけで自分で始めてみると、意外にもお金をかけずとも楽しむことができるスポーツであることがわかった。

もちろん、高額の駐艇料をとられる立派なマリーナに豪華なヨットを置き、すべての維持管理作業を業者に依頼すれば、年間数百万円のお金がかかる。そういうやり方をしているお金持ちのオーナーも多い。けれども、仲間と共同してお金を出し合い、中古のヨットを買い、安いマリーナを探して、管理も整備もできるだけ自分たちでやれば、二〇代のサラリーマンでもやっていけないことはない趣味であることを知った。若いうちはお金がないから、自らの時間と労力でカバーすればいいわけで、同好の仲間とクラブチームをつくって運営していくのは、充実した趣味の人生時間である。

普段のメンテナンスさえしっかりしていれば、ヨットは風で走るから燃料代がかからないし、キャビンにはベッドがあって宿泊代もタダだ。釣った魚を食べていれば食料代も安くつく。何よりも夏休みでさえ宿も交通機関も予約する必要がなく、いつでも気の向いたときに港を出れば、海の旅を堪能できるのだから、心もフリーになるというものだ。

オーストラリアに赴任することになって、この国でもどこかのヨットのクルーに入れてもらおうと考えていた。ヨットはひとりでは動かせないので、働き手となるクルーを募集している船があるはずだ。特にオーストラリアはこの手の遊びでは日本よりはるかに先進国なので、日本で探すよりずっとみつけやすいと思っていた。

だけれど、この国で駐在する三年間は、ヨットではなく飛行機で遊べないだろうかと、このときぼくは密かに思い始めた。学生時代にヨット乗りになりたいと思ったときは、どう考えてもビンボー学生には無理としか思えなかったが、社会人になって積極的に行動してやってみれば仲間が集まり、ヨットを楽しめるようになった。だから飛行機だって、やってみればできるかもしれない。

人はぼくをお気楽者だと言うだろう。でも、飛行機パイロットになれなくても、食うに困る一大事というわけではない。ちょっと残念だったと思うだけだ。だとしたら、これはダメ元というやつなのだから、失敗しても何の損はなく、したがってチャレンジする方が楽しいと思った。ぼくは宝くじを買うように、こういう夢を買いたい。たしかに自由に空を飛びたいなんて、お気楽者だ。

CHAPTER 1 フライト・スクール

近所の小さな飛行場

オーストラリア・メルボルンでスタートした駐在生活が、二か月ほどで落ち着いてきた。

住む家を選んで決め、単身のホテル生活が終わった。船便で日本から送り出した引っ越し荷物が到着すると、妻と息子を日本から呼び寄せて、一家三人が揃った。

そろそろ一〇月だから夏に向かう季節で、メルボルンは日本との時差が一時間から二時間になる夏時間が始まる。日の出は朝六時頃と遅くなり、日の入りも夜七時頃と遅くなる。

借りた家は、メルボルン中心部からは少々遠い郊外だが、メルボルンの内海であるポート・フィリップス湾に面した3（スリー）ベッドルーム＋リビング＋キッチンの、ごく普通の平家の家であった。広々としたメルボルン郊外の普通の家は平家なのである。しかも日本の普通の家と比べれば、部屋もキッチンも前庭も中庭も何もかも、とても広かった。ガレージにはクルマが三台置けた。メルボルンの中心部から海沿いに南東へ約一五キロメートルの小さな町にあり、その町には日本人の駐在者がひとりも住んでいなかった。どうしてその家を選んだかといえば、いろいろな借家を見てまわったなかで、海辺にあるいい家だなと単純にそう思ったからだ。海におちる美しい夕陽が眺められるのがいい。ただそれだけの理由だ。こういうとき、ぼくは直感を信じる。

三歳半の息子は、この町の幼稚園の年少組に入園させた。いきなり異郷の幼稚園に入ったので、それなりに困難はあったが、思ったよりすぐに馴染んでくれた。日本語と日本社会を習うために土曜日だけ日本人学校へ通う。クルマで少し走ればスーパーマーケットやデパート、クリーニング店やミルクバー（雑貨店）やマクドナルドのある総合モールがあって日常生活は便利だし、日本産の食材が欲しければメルボルンのシティの専門店へ行けば手に入る。豆腐や餃子の皮、日本米に似ていると評判のカリフォルニア米などは、シティの外れの中国食料品店で売っている。カーナビが普及している時代ではなかったが、メルボルンには通称「メルウェイ（Melway）」という道路地図『グレーター・メルボルン（GREATER MELBOURNE）』がある。「ストリート・ディクショナリー」と銘打つ、分厚い変形A4サイズの安価なロードマップで、これ一冊あればメルボルンはもちろんビクトリア州を迷わずに走ることができるので、すべてのクルマに搭載必須である。そのような快適な日常生活が始まった。肝心要の仕事も前任者からの引き継ぎが済んで、きっちりと順調にこなしている。

こうしてちょっと落ち着いてくると、飛行機のことが本気で気になってきた。

グレンが友だちから得た情報によると、メルボルンの小型飛行機のメッカはムーラビン飛行場（Moorabbin Airport）というところで、何の縁か偶然にぼくの家からクルマで一〇分ほどであった。

週末にぶらっと寄ってみると、ワナカよりはるかに大きな空港で、あちこちにハンガー（駐機庫）があるほか、屋外に停めてある小型飛行機が単発と双発ふくめて、およそ一〇〇機ほどあった。小さな飛行機ミュージアムがある。エアクラフト・フライトスクールとおぼしき建物がいくつもあり、ワナカと同じように「セスナ172　$98／Hr」といった看板が出ている。ワナカより額面はやや安いが、ニュージーランド・ドルとオーストラリア・ドルでは、オーストラリア・ドルのほうがレートが一割ほど高いので、実質はほぼ同額だ。ヘリコプターのターミナルとフライトスクールもあった。管制塔の横は子供の公園になっており、ブランコや足がコイルばねになっている動物の乗り物があって、子供たちが元気に遊んでいた。

そのすぐ奥に、合計五本の滑走路が、北を頂点としてAの大文字のかたちに広がっていた。言葉で説明すると、Aの字の左側の斜め線のところは、北から南へ二本の滑走路が並んであり、それぞれ一一〇〇メートルである。右側の斜め線のところにも、東北から南西に二本の滑走路が並んでいて、それぞれ一一〇〇メートルだ。Aの字の真ん中の左右の線のところは、東南から東北へ滑走路が一本で、横風用で短い六五〇メートルである。滑走路のサイズもターミナルビルの規模もすべて、まさに小型飛行機のための空港だ。二五〇〇メートル以上の滑走路を必要とするボーイング747ジャンボ・ジェット機など大型航空機は離着陸できない。数人乗りの小型機で近距離を飛ぶ小さな航空会社のオフィスもあったが「個人所有の飛行機のハーバー」と呼んでいい雰囲気で、あちこちに小型飛行機と小型ヘリコプターが無数に駐機している。

正式名称はムーラビン・エアポートで、堂々と空港を名乗っているが、ぼくは空港というよりは飛行場と呼ぶのがふさわしいと思い、そう呼ぶのが好みになった。地元の人たちはムーラビン飛行場を、ときおりハリー・ホーカー（Harry Hawker）飛行場と呼ぶことがあるのだが、そのニックネームの由来はついぞ知ることがなかった。

管制塔の横に立って滑走路を見ていて驚いたのは、二分と間隔をあけずに小型機が頻繁に降りてくることだ。

プルプルプルと止まりそうなエンジン音をたてて、主翼を小刻みに揺すりながら降りてくる小型機の姿を見ていると、不安定で心もとない。それに飛行機というのは、降下して着陸するときは、やや尻下がり

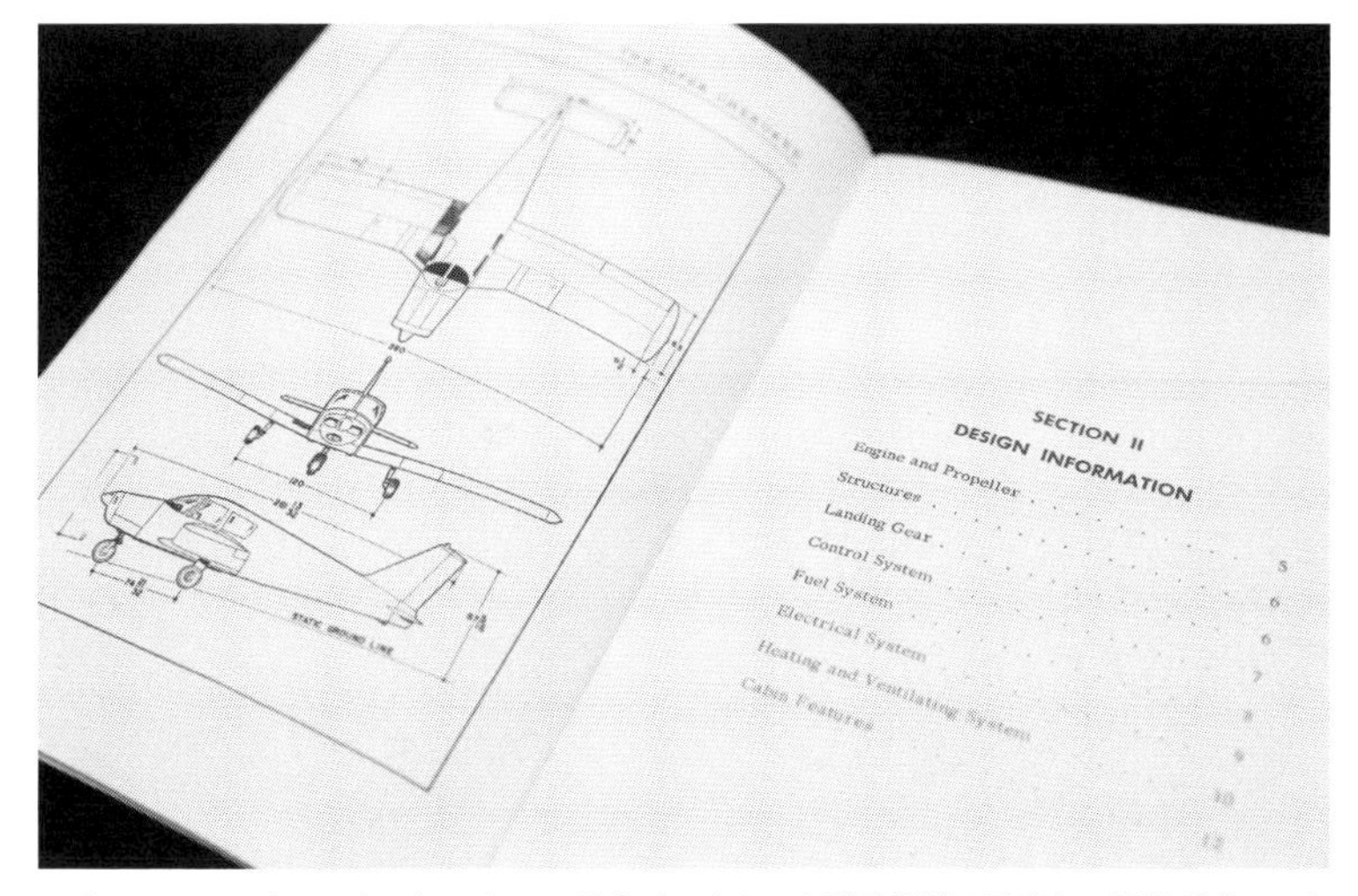

パイパー・チェロキーのオーナーズ・ハンドブックである。小型飛行機は量産といえども手作りの高額商品なのだが、そのハンドブックは驚くほど簡素なのである。

ムーラビン飛行場の当時のパンフレット。宣伝ではなく案内なのでA4サイズの4ページでデザインも印刷も簡素だ。ムーラビン飛行場の5本の滑走路と広さがわかる。

の姿勢でどっしりと降りてくるものだと思っていたのだが、ここの小型機はみな頭を下に向けて、つんのめるように降りてきている。まるで腹を空かせた蚊トンボが、柔らかい皮膚を見つけて前後の見境なく突撃してくるかのようだ。ペシッと叩けば潰れて落ちそうである。

飽きずに見ていると、せっかく着陸したのに、またエンジンを吹かして、そのまま離陸していく機体がいる。そのときにはエンジン音がブーンと大きくなるのですぐにわかる。これはタッチ・アンド・ゴーといって着陸と離陸を繰り返す練習であり、同じ滑走路をグルグルと回りながら何度も練習するサーキット・トレーニングなのだということを、このあと何週かして教えてもらった。

サーキット・トレーニングをする機体が面白くて見ているうちに、その数が減ってきたなと思ったら、もう夕方になっていた。するとムーラビン飛行場の風景が変化する。見るからに遠くから帰ってきたような様子の機体が何機も駐機場にやってきた。パイロットは夕陽をあびた機体から降りると、キャノピー(風防)のガラスを丁寧に拭き、拭き終わるとキャノピーにカバーを掛け、主翼を地面に固縛し、愛機をいたわっている。

こういうシーンが、ことのほか好きだ。三か月前まで週末を日本のヨットハーバーで過ごしていたときに、いつも見ていたシーンを彷彿とさせた。午後の陽が落ちるなかでぼくらは、ぼくらのヨットをいたわるように熱心に掃除をしたものである。掃除をすればするほどピカピカに輝き、細かなところまでよく知ることができるので、ヨットがいとしく見えてくる。

愛機をいたわるパイロットを見たぼくは、いいシーンだなぁと思った。ヨットと飛行機はちがう道具だが、どちらも非日常の移動体験を味わうことができる乗り物だ。片や海で片や空だが、自由な旅を感じさせるところは同じだ。海を航走するのと大気のなかを飛ぶのは、体力と知力といった自分の力を精一杯に使って生きる人生を象徴する行為だと思う。上手くゆくときもあれば、そうはならないときもあり、ヒヤリとする危険なときもあれば、生涯に何度も見られない素晴らしい風景を目の当たりにすることだってある。そういうところが、ぼくの感情を刺激する。こういうふうに人に愛されて、この地球で共生している乗り物、つまり人とモビリティの世界で過ごす良き時間を持っていたいとつくづく思った。その思いが、ぼくにパイロット・ライセンス取得への意志を固めさせた。

体験飛行

二週間後、ぼくはまたムーラビン飛行場を訪れた。このときはもう明確な意志を持って、フライト・スクールの具体的な調査をするつもりであった。実はパイロット・ライセンスのフライト・スクールへ通うことは、駐在員が英語力を磨く学習として認められるので会社から補助が出ることがわかったのである。

広いムーラビン飛行場のなかで、管制塔など建物が集中しているエリアの一角には、フライト・ジャケットやキャップ、サングラスやグローブなどのパイロット・グッズを売っている「スカイ・ショップ」があり、まずはそこを覗いてみた。ファッション・グッズだけではなく、ヘッドセットだとかハンディタイプのGPSなど専門的な道具がショーケースにずらりと並んでいた。なんだかよくわからないが、ステンレスでできた円盤に細かな数字が刻まれた計算尺みたいなものが置いてあった。こういう謎めいた小物を見ると、いつもわくわくする。

次にこのスカイ・ショップのすぐ隣にあった「ペーター・ビーニ・アドバンスド・フライト・トレーニング（Peter Bini Advanced Flight Training）」の看板を出しているオフィスにぶらっと入ってみた。小さな待合室のような部屋でカウンターがあり、カウンターのなかには事務員らしき白人の女性と、見るからにパイロットふうの肩章がついたワイシャツを着た若い白人の男性がいた。

「何かご用でしょうか」と、その男性が話しかけてきた。

「セスナのライセンスに興味があるんだけど」と、ぼくは答えた。

すると若い男性は困ったような顔をして、こう言ったのである。

「申しわけないが、ウチはセスナをやっていません。どうしてもセスナのライセンスじゃないとダメなんですか」

これがぼくのインストラクターになる二五歳の青年パイロットであるジェームス・クノース君との出会いだった。

だが、ぼくはこのときジェームスの言っていることの意味がわからなかったから、ポカンとした顔をしていたにちがいない。「セスナをやっていません」とは、どういうことなんだろう。

ジェームスは気が効く青年だった。まだオーストラリア生活三か月足らずのぼくの、いかにも不慣れな英語を聞くと事情を察知して、ぼくにわかりやすいように、ゆっくりと喋り丁寧に説明してくれた。

「たしかにセスナは小型飛行機の代名詞になっているほどのベストセラー機ですが、もう一つパイパーという名前の有名な小型機メーカーがあります。このスクールでは、そのパイパーのウォリアーという機体を使ってトレーニングを行っているのです。セスナをやっていないというのは、そういうことです」

なるほどと素人のぼくは納得してみせたが、そのあとにジェームスの言ったことは性急だった。

「まずはパイパー・ウォリアーの体験飛行をやってみませんか。何だったら、たったいまからでも、すぐに」

「えっ」と思う他はない。ちょっと待て、いくら何でも性急すぎる。

空飛ぶパイロットのライセンスだぞ。身体検査とか適正とか性格とか、いろいろな検査をクリアしないとライセンス取得ができないのじゃないか。

急にドキドキしてきたぼくに、ジェームスはなおも聞き取りやすい英語で言うのだった。

「まず乗ってみて、それで興味を持てそうだと思ったら、トレーニングを開始すればいいのです。気軽にやっていただくために、体験飛行は低価格に設定してあります」

ようするに体験飛行そのものが、まず最初の身体と適正と性格の検査みたいなものになるのだ。まず乗ってみなければ、何にもわからないじゃないか、という問い掛けである。それがすこぶる正しい最初の判断をもたらすと、ジェームスは言っているのである。その提案するところは、よくわかった。

そのあたりから、ジェームスが話すわかりやすい英語といい、初心者の気持ちを理解した親切で丁寧な説明といい、ぼくのようなオーストラリアの英会話に不慣れな者と話すことに、なぜこんなにも慣れているのだろうと思った。

その答えは、あとでわかったことなのだが、ジェームスはパイロット志望の日本人を何人も教えていたインストラクターだったのである。飛行機パイロットだけではなく、グライダー・パイロットになりたい日本人のトレーニングまで受け持っていた。オーストラリアは安定した大陸の気候と豊富な上昇気流があ

るのでグライダー・パイロットのトレーニングも盛んなのである。ようするにジェームスは老若男女の日本人に空飛ぶ術を教えてきたインストラクターだった。だから日本人の多くが使う英語の癖を知っているし、どのような言葉で、どういうふうに教授すれば、日本人が理解しやすいのかも研究して身につけていた。

もう一つ大きな理由があって、ジェームスの一家はイタリア系の移民なのである。日本の二〇倍の国土面積があるオーストラリアは、この頃まだ人口二〇〇〇万人を超えていない。そのような人口が少ない大きな国なので、移民の受け入れに熱心だ。学校の教員が足りなければ、世界中の国々から教員を集める政策を実行する。それが医療従事者でも、あらゆる分野の労働者でも同じで、世界中から人材を集める国だ。ジェームス一家もイタリアから移民してきた。だからジェームスはイタリア語を話す家で育ち、学校と社会では英語を共通語として成長し、サービス業であるエアロクラフト・インストラクターになったのだから、英語を母語としないぼくらの存在を十二分に理解している。

ちなみにジェームスの父親は国際エアラインのパイロットで、世界中の国々で仕事ができる職業だ。オーストラリアでエアラインのパイロットが不足したときに、イタリアからやってきたのかもしれない。ジェームス自身も学生時代から趣味のグライダーで飛んでいたと言っていたから、根っからのパイロットだ。また、オーストラリアでこのまま一生をエアロクラフト・インストラクターをするタイプでもない。どこか他の国で働くことを選択しそうなコスモポリタン（地球的市民）の気風があった。

というわけで、パイロットのライセンスを取得するうえで、最も重要な課題は英会話であったから、初めて飛び込んだ飛行機の世界で、最初に知り合えたインストラクターがジェームスだったことは、最高にラッキーであった。

　ぼくは思い切って体験飛行をやってみることにした。ＯＫすると、ジェームスはぼくを連れてスクールのオフィスを出て、目の前の小道をはさんである金網のフェンスで区切られた駐機エリアへ向かった。一〇機ほどの小型機がひとかたまりで駐機していた。ジェームスはそのうちの一機に向かって歩いて行く。その機体はニュージーランドで乗った胴体の屋根に主翼がついたセスナとはちがって、胴体の下に主翼がついている。機体全体が白色で、赤のストライプが入っている単発機だった。

　これがパイパー・ウォリアーＰＡ28型機であった。この飛行機は前席二席と後席二席の四人乗りだが、教習用に改造してあるのだろう。前席の二席は両方とも、同じようにステアリングと足元のペダルがついていて、どちらも操縦席になっているように見えた。機体のドアは右側に一枚しかない。ジェームスがドアを開けて、搭乗方法を教えてくれた。まずは主翼の上に足を乗せて上がり、そこから機内に入って、奥の左側の席に座る。ジェームスは右側の席に座って、パタンとドアを閉めた。

　それから空の上に出るまでは、ぼくは何もしなかった。ただし遊覧飛行とちがうのは、ヘッドセットをかぶせられたので、パイロットと管制官の会話がすべて聞こえることだ。飛ぶ前から飛んだあとも、いろいろなやり取りをしているが、ヒアリングの能力が追いつかないぼくは、無線機独特の雑音に邪魔されたこともあって、ほとんど聞き取れない。そもそも専門用語だらけなのだろう。さっぱりわからない。

　離陸して一〇分ほど南東に向かって飛ぶと、眼下のメルボルンの住宅街がおわり、家の数が少なくなった郊外から、広大な牧草地が広がっていた。

「さぁ、ステアリングを持ってみましょう」ジェームスが言った。

「操縦を替わるとき、私があなたにハンディング・オーバーと言います。それを引き受けたあなたはテイキング・オーバーと言って下さい。こうして、どちらが操縦しているのか常に明確にします。それではハンディング・オーバー!」

「テイキング・オーバー」と教えられたとおりにぼくは言い、ステアリングを両手で持った。ステアリングは、クルマのハンドルを横長の四角形にして上側を取っ払ったような、つぶれた変形Uの字の形状である。

「下の道に沿ってまっすぐ飛んでください。クルマと同じでステアリングを、左に切れば左に、右に切れば右に行きます」

眼下に目をやると、平らな牧草地のなかをまっすぐ続く道がある。この道に沿って飛べという指示だが、意識的にステアリング操作をしないと、風の具合か少しずつ道のラインからズレるので、ときどきステアリングをちょこんちょこんと左右に切って、まっすぐな道の上を飛んだ。この操縦はさほど難しくはない。しかしぼくは、ステアリングを左右に動かすと、何がどういうふうに動いて左に行ったり右に行ったりするのか、正確にわかっていない。このときはまだ飛行機のメカニズムを学んでいないから、ステアリング操作をすると垂直尾翼の方向舵が左右に動くのだろうと、素人のひどい勘違いをしていた。

「高度も維持してみてください。ステアリングを前に押すと下降し、手前に引くと上昇します。このメーターが昇降計です。上昇しているときはこの矢印が上に、下降すると下を指します。矢印が真ん中になるように維持して、こっちの高度計の数値が変わらないように、飛んでください」

なるほど、左右にはまっすぐ飛んでいるつもりでも、上下にはフラフラしていたのである。今度はステアリングを左右に回すのと同時に、前後に引く作業が必要になった。これもすぐに慣れて身につき、難しい操作ではないと思った。

「いいですねー。では上昇してみましょう。これが機体の姿勢を示すジャイロ計です。ピッチ角を一〇度上に向けてください。そして高度計が三五〇〇フィートを示すまで上昇したら、また水平飛行に移ってください」

エンジン回転は一定のままである。ゆっくりとステアリングを手前に引くと、機体は上昇を始めた。ピッチ角を一定に保つのが難しい。ジャイロ計の目盛りを一〇度のラインに保ちたいのだが、行き過ぎたり戻り過ぎたりと少しギクシャクする。高度計が三五〇〇になったところで、ステアリングを前に押した。上昇から水平飛行まではできたが、機体の位置を確認すると、眼下のまっすぐの道から、右方向に一〇度ほどズレていた。機体のピッチ角に気をとられて、いつの間にか横を向いていたのである。

「けっこういいですよ。今度はさっきと逆で二五〇〇フィートまで下降してみましょう」

下降は眼下のまっすぐな道のラインを見ながら操縦できるので、左右にズレることなく、下降もエンジン回転は一定でスロットルの操作はなかった。ぼくはメートル法の国からきた者だが、ヨットをやっていたのでフィートという単位の長さの感覚を身についている。だからフィートで言われた高度を数字的にも感覚的にも理解できた。一フィートは三〇・四八センチメートルだから、二五〇〇フィートは七六二メートルになる。

「うまいじゃないですか！　では次は旋回してみましょう。ジャイロ計でロール角を二〇度に保ちます。高度が上下しないように気をつけて。また、こちらのターンコーディネータという計器の黒丸が真ん中を指すように、足のペダルを踏み込みます」

この操縦はなかなか難しかった。ロール角度を保とうと気を取られると、いつの間にか大きく昇ったり降りたりしている。しかも計器に集中し過ぎると、どっち向いているのかもわからなくなる。そもそもステアリングとペダルを操作すると、どのようなメカニズムが働いて、いかなる力を使って、左右と上下そしてロールしているのか、理論的にも感覚的にもわかっていないのだ。こうして感覚的に覚えながら、飛行機のメカニズムと空を飛ぶ原理をみっちりと勉強していかなければならない。ぼくは自動車の開発エンジニアだから、工学的な基礎知識があり、仕事柄エンジンやクルマに関しては人並み以上の知識があるのだが、飛行機となるとゼロから勉強しなければならないことがいっぱいある。けれども、この旋回飛行は、三次元的な動きなので、なかなか面白い。クルマやヨットでは経験できない動きだ。

こうして上昇や下降、旋回を繰り返しているうちに、あっという間に三〇分がすぎた。

「それでは戻りましょう。操縦を交替します」とジェームスが指示したので、ぼくは「ハンディング・オーバー」と言って、「テイキング・オーバー」とうけたジェームスがステアリングを握るのを確認して、ステアリングから両手を離した。やっぱり緊張していたので、その緊張が解けた感じが心地よかった。ここから着陸までの二〇分ほどは、またジェームスが操縦した。合計で〇・九時間のフライトだった。

がむしゃらなフライト・スクール入校

スクールのオフィスに帰ると、ジェームスが言った。

「いやー、上手いもんでしたよ。ほんとに初めてですか。気分がわるくなる人もいるのですが、そんなふうにも見えない。英会話も問題ないみたいだし、パイロットになる適性は十分だと思いました」

インストラクターは褒め上手であった。ぼくは初フライトの興奮と喜びを味わい、そしてジェームスの評価を聞いて嬉しくなり、口が軽くなった。

「乗り物が大好きで、オートバイ、自転車ロードレーサー、ラリーカーとかヨットと、いろんな乗り物を趣味で熱心にやってきたので、乗り物の操縦にかけては普通の人より多少は勘がいいのかもしれない」と答えた。

「なるほど」とジェームスは納得してくれ、次なる提案をしてきた。気持ちがいいぐらいに前へ前へと物事が前進していくのであった。

「体験フライトはたくさんの人たちに興味を持ってもらう目的で、お得な料金設定になっていることはお伝えしましたね。通常のトレーニング料金より安いのです。今日のフライトはもちろん体験フライトの扱いでもいいのだけど、もしこれからライセンス取得に向けた本格的なトレーニングをやるとすれば、四〇時間以上の操縦トレーニングが必要になります。その本格的なトレーニングを開始するというなら、今日はその一時限目という扱いにできます。だけどその場合は通常のトレーニング料金になります」

三秒考えて、ぼくは答えた。

「やります。今日の体験フライトを、ライセンスを取得するためのトレーニングの一時限目にしてください」

こうしてこの日の〇・九時間の体験フライトが、ぼくの最初のフライトとして記録された。

それにしても、こんなにも簡単にライセンス取得のトレーニングを始めてしまっていいものなのだろうか、とは思った。ぼくは何も知らないのに等しい。本当にぼくの身体はパイロットの資格があるのだろうか。視力など目の検査をふくむ身体検査が必要だろう。ライセンス取得まで、どれほどのトレーニング資金が必要なのか。思ったりより安いとは感じているが、やってみたら法外な金額になるということはないのか。だいいちぼくが必ずパイロットのライセンスを取得できるとは限らない。クルマの免許だってオートバイの免許だって、ごくまれかもしれないけれど、本人の努力だけでは乗り越えられない理由で取得できない人がいることを知っている。

たしかにぼくは、あと先のことをまるで考えていなかった。やればできるだろうとしか思っていない。

実際問題、ライセンス取得のためのトレーニングをやると宣言したあとに、身体検査の方法や教習料金やトレーニングのプロセス、特別に用意するものなどを、ジェームスからあらためて詳しく教えてもらった。トレーニングをうけるにあたって、はじめに必要とするものは、二つしかなかった。

一つはドクターに診てもらってメディカル・サティフィケート（医療証明書）をもらってくることだ。ようするに身体検査をして、パイロットになるには問題のない身体だと医学的に判断した証明書を書いてもらう。特に厳しい身体検査ではなく、日常生活ができる身体ならば絶対に引っかかることはないとジェームスは言った。

そして、この身体検査ができるメルボルンの診療所リストがあるが、どの地区の診療所を紹介しようかと質問された。ぼくが勤務する事務所の近くを希望したので、その地区のリストをくれた。一〇軒ほどの診療所が書いてあったのを覚えている。翌週の平日さっそく、そのうちの一軒へ行った。たしかに身体検

日本の友だちに日本で買って送ってもらったフライト・ログ・ブック。

フライト・ログブックの表紙の裏に貼りつけてある医療証明書。

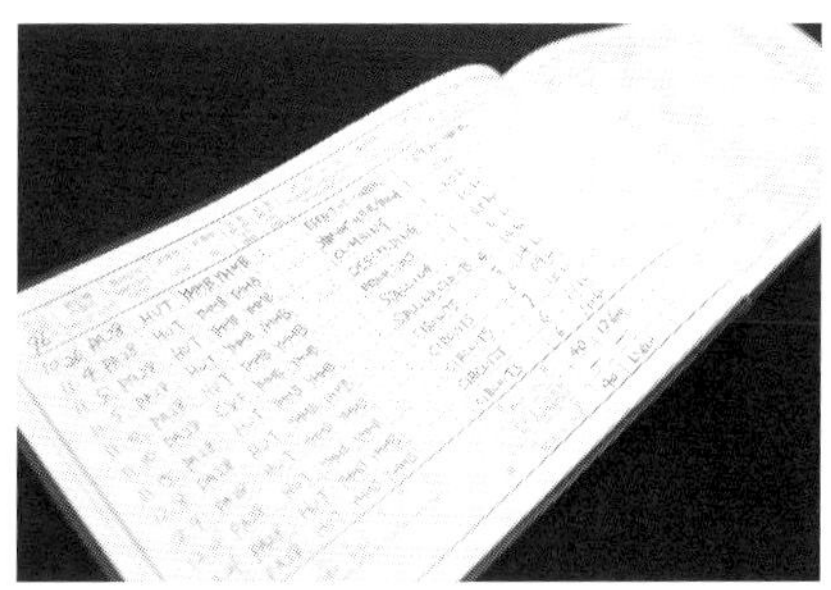

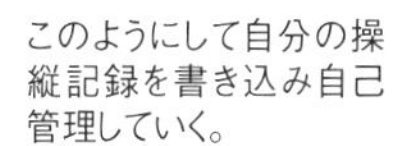
このようにして自分の操縦記録を書き込み自己管理していく。

査は簡潔で、子供の頃に学校でやったような色覚障害の検査とか、腕を曲げてみたり屈伸運動とかやって見せておしまい。ここでもらったメディカル・サティフィケートは、四年間有効で、六五ドル（約五二〇〇円）だった。

もう一つは、ぼくの飛行時間を記録する「フライト・ログ・ブック」を手に入れることである。これはペーター・ビーニのオフィスの隣りのスカイ・ショップでも売っているのだが、ジェームスが言うには、いつか日本で飛ぶことを考慮すると、日本製のフライト・ログ・ブックを使っておいた方がいいということだった。書式が世界中だいたい統一されているので、オーストラリアの教習で日本製のログブックを使うのはまったく問題がないそうだ。

そういうことであれば日本製のフライト・ログ・ブックを入手しようと、日本にいるケンゾーへ電話連絡をした。ケンゾーは中学校のときからの親友で、いまもヨット仲間なのだが、彼の奥さんがエアラインの客室乗務員の仕事をしているので、どうやったらフライト・ログ・ブックが入手できるのかをおしえてもらうためである。なにしろインターネットが始まったばかりの時代だったから、ネットで検索してネットで買うなんてことはできない時代だ。日本の友だちに電話して頼むしかない。ほどなくケンゾーから電話が返ってきて、東京の新橋駅の近くに航空関係の書籍を専門にあつかう鳳文書林という書店があるので、そこで買って航空便で送ってやるよという返事であった。持つべきものは親友である。フライト・ログ・ブックは日本で二四〇〇円だった。

こうして当面必要とするものが用意できた。今後トレーニングが進行してゆくと、学科試験用の教科書や航空法規関係の書類、フライト・コンピュータなどのナビゲーション機器が必要になるとのことだったが、それらは必要になった時点で買えばいいとジェームスは説明した。途中で挫折するケースがあるので、最初からすべてを買わせることはしない。合理的なのである。

肝心のトレーニング費用だが、実機で飛んだ時間の分だけ請求される。どうやって時間を測るかといえば、訓練機のイグニッション・キーをオンにすると作動する積算アワー・メーターがついていて、そこから算出する。訓練のときにコクピットに乗り込むと、最初にこのアワー・メーターの数値をチェックする。帰ってきてキーをオフしたときの数値も記録し、その差分だけが請求される。たとえば体験飛行のつもりで飛んだ初回の訓練は〇・九時間なので、一時間の教習の基本料金の一五七ドル（約一万二五六〇円）に〇・九を掛けた一四一・三ドルが請求されるという明朗会計だ。これはその場で払ってもいいし、月末にまとめて払ってもいい。日本人のぼくには不思議とさえ思うが、オーストラリアのフライト・スクールというのは、この他に入学金などの初期費用がまったくない。

この日、家に帰ってから妻に、自家用飛行機の免許取ることにしたと言ったら、彼女は絶句した。それは驚いただけで、反対でもなければ文句でもない。だが、全面的な賛成かといえば、まあまあの賛成といったところだろう。彼女も飛行機のことは、ぼく同様に何も知らないからだ。ヨットを仲間と共同で買うと決めたときも、こんなふうな言い方だったかもしれないが、妻にはちゃんと事前に報告していた。ぼくは家族を無視して自分勝手な無茶をしようとは思っていない。妻はぼくがオーストラリアで何かをやり始めるだろうと思っていたらしいが、まさか飛行機だとは考えてもいなかったので驚いたのである。だからこの話は、飛行機免許ということ以外は、妻にとって想定内の話だったと思う。驚いたということなら、ぼく自身がこのハイスピードな展開にいちばん驚いていたかもしれない。

本格的なトレーニング開始

二時間目のトレーニングは翌週末に予約した。実技飛行の前に座学もやるので一時間ほど早くきてくれと言う。言われたとおりの時間にスクールへ行くと、小さな教室が用意されていて、ジェームスが飛行機の図解イラストと模型を見せながら、各部の名称や、その働きについて説明してくれた。

まずリフトとドラッグの関係を教えられた。主翼の断面は下は平らで上の方は丸くなっているので、流れる空気中では主翼の上の方が流速が速く空気密度が薄くなる。これによって持ち上げられる力がリフト（揚力）である。流速が速くなって機体のウェイト（重量）にリフトが上回れば機体は上昇する。だが、空気中を突き進むとドラッグ（抵抗）が生じるので、それに打ち勝つスラスト（推進力）が必要で、このスラストをつくるのがエンジンとプロペラの役目である。ウェイトとリフト、ドラッグとスラストが、バランスしているとき、機体は水平飛行を続ける。これが崩れると上昇したり下降したり、加速したり減速するのである。

機体後部の水平尾翼をエレベーターといい、ステアリングの前後押し引きと連動して動き、機体にピッチ角（横から見て前後に傾いている角度）をつける働きをする。機体にピッチ角がつくと、進行している空気の流れに対して主翼の角度がつく。これをアングル・オブ・アタック（攻撃角）といい、四度ほどのときに最大のリフトを生む。パイパー・ウォリアー機の場合、八〇ノット（約時速一四八キロメートル）

で機体のピッチ角一〇度程度がベスト・クライム・レート（最大効率の上昇）となる。

主翼の後ろ側の上下に動くヒレがエルロンとフラップである。エルロンはステアリングの回転に連動して左右で逆相に動き、機体をロール（前から見て左右に傾くこと）させる働きをする。フラップはエルロンとちがって左右で同相に上下し、これは着陸時などに低速でもリフトを大きくするはたらきをする。パイパー・ウォリアー機では、フラップはクルマのサイドブレーキのようなレバーを引き起こすことで作動する。

垂直尾翼後端で左右に動くヒレがラダーだ。これは足のペダルに連動して動き、機体にヨー方向（上から見て機体を回転させる運動）の力を与える。右ペダルを踏み込めば右を向き、左を踏めば左を向くのだ。

ジェームスの講義を聞いて、飛行機が飛ぶ原理と、どういうふうな操縦メカニズムになっているのか、だいたいわかった。いちおうぼくはクルマの運動性能のエンジニアだ。

座学が終わると教室を出て駐機場に行った。今回は機体の始業点検の方法から始まった。

最初は燃料の確認である。燃料タンクは左右両側の主翼のなかにあるので薄くて平べったい形だ。この燃料タンクのキャップを開けてガソリンが汚れていないかを確認する。翼の下側には小さなドレーン・コックがあってタンクの底のガソリンを抜くことができる。試験管のような容器に少し抜いて、水が混ざっていないか確認した。

次はエンジンである。プロペラの後ろにはエンジンが納まっており、両サイドのカウルを開いて、エンジンのオイルの量と汚れ、キャブレターにきている燃料の汚れも点検する。点火プラグコードの接続などもチェックする。プロペラはガタと傷の有無を目視点検する。

主翼の前部にはストール検知センサーや速度を測るピトー管がある。主翼後ろにはエルロンとフラップがあり、これらは取り付け部の異常やガタなどをチェックする。水平尾翼のエレベーターと垂直尾翼のラダーも同じように点検する。

これら一連の点検を、右側ドアの前から反時計回りに機体のまわりをぐるっと一周、歩きまわりながら一つ一つやってゆくのが、この機種の手順だった。飛行機は機種によって点検の方法も操縦方法も異なるのである。

それにしても小型機を、こうやって近くで見て自分の手でいじってみると、一つ一つの部品がクルマと比べると、かなりちゃちだと思った。エンジンのカウルを開け閉めするのは、カウルに開いた穴を通してくるっと半回転させるアルミのつまみで、ハンドバックの留め具のようである。緩めば飛行中でも開いてしまいそうだ。パタパタ動くエルロンの根元は、ホームセンターで売っているようなアルミの蝶番で主翼とつながっている。日曜大工で本棚の扉をつけるような蝶番だ。飛行機の長い歴史のなかで採用されてきた部品だから問題ない部品であろうが、市販の量産車を開発しているエンジニアとしては、ついついクルマと比べてしまい信じられない思いがする。よくこんなので大丈夫だなというのが、初めて小型機の構造を観察したぼくのいつわらざる感想であった。

初めてのエンジン始動

点検が終わると本格的な操縦トレーニングの開始である。

コクピットに乗り込むと、今回はエンジン始動から手ほどきをうける。

まずはバッテリーのメイン・スイッチをオンにし、燃料ポンプのスイッチを入れる。パイパー・ウォリアー機は燃料タンクがエンジンより低いところにあるので、ポンプで汲み上げないとキャブレターまでガソリンがこないからだ。次にメインキーの近くにあるプライマーというスティックを何回か出し入れする。これはエンジンが冷えている状態でもかかりやすくするよう、エンジンの気筒内に直接ガソリンを送り込むためにおこなう。エンジンが暖まっているときはこの作業が必要ない。

それからミクスチャーというレバーをフルリッチ（最も濃い）のポジションにする。これはキャブレターがつくる混合気を最も濃くする。驚いたことにパイパー・ウォリアー機のキャブレターは、混合気の濃さをこうやって手動で調整するのである。いまどきクルマでもオートバイでも、それこそ農機具でも、手動調整のキャブレターなどないのにと思ったが、高度の変化が大きい飛行機は、それぞれの気圧に合わせたキャブレター調整が必要なので、いちいち手動で調整するのだった。ちなみにキャブレター・ヒーターという装置もあって、これはキャブレターが吸気する混合気を温めるという装置だ。混合気が濃くなるとキャブレターが冷えて凍ったりするので、吸気する空気に排出ガスを混ぜて温めるのである。

航空機の操縦というのは、上昇や降下やターンといった操縦操作だけではなく、エンジンの状態を最適にしておくという機関管理の仕事をふくみ込んでいる。大型機の操縦室の要員構成は、機長と副操縦士の他に機関士がいて、この三名で運行しているのだが、機長と副操縦士は操縦操作を担当し、機関士はエンジンの状態を管理している。パイロットがひとりしかいない小型機のパイロットは、この三名の仕事をひとりでやらなければならない。混合気の調整などは機関管理の最たる仕事ということになる。

ここまでやって、クルマと同じようにイグニッション・キーをまわすと、セルモーターが動いてエンジンがかかる。

ところで、ちょっと寄り道の話をするが、トレーニングの教習料はイグニッション・キーのオンで動き始める機体のアワー・メーターで計算すると書いた。今回の教習では、座学があったので、スクールに着いてからここまでで、一時間ちょっとはかかっている。しかしだ。実際に教習料のチャージがかかるのは、エンジンをかけた、この瞬間からなのである。

フライト・ログ・ブックを見ると、この日の教習では空を飛ぶストレート&レベル・フライトと地上を走るタキシングで一・〇時間の飛行時間が記録されている。だからこの日の教習料は一時間の定額料金で一五七ドルである。実技飛行のトレーニングが終わってからも、フライト・レビューと称して毎回三〇分くらいの復習をするが、これも料金には反映されない。教習が進むと、二か月後にはソロ・フライトの過程に入ったが、ソロのトレーニング料として請求されるのは一時間九七ドルで、機体だけのレンタル費と同じだ。だけれどソロのときでも、インストラクターは事前のブリーフィングをおこない、ぼくが飛行中は地上で待っていて、降りてきたらフライト・レビューをやってくれる。しかし教習料がチャージされるのは、あくまでもイグニッション・キーがオンであった時間だけなのだ。いったいインストラクターの給料はどこから出るのだろうかと、ぼくはいまでも疑問である。

もう一つ余談をするが、エンジンをかけている時間で教習料金が決まるから、それをできるだけ短くしたいのが人情というものだ。離陸のときは乗り込んだら準備を万端にしておいて、よしいつでも飛べるぞという状態でエンジンをスタートする。着陸したらさっさと駐機ポイントまで向かい、すぐにエンジンを切る。

訓練機に限らず、すべての飛行機の運行と整備は、このアワー・メーターで管理されていて、五〇時間ごとにエンジン・オイル交換をしなければならず、一〇〇時間ごとに日本の車検のような総合検査があって、ゴム部品など指定された消耗部品の交換が義務づけられている。アワー・メーターはクルマの距離計のようなものなのだ。

そのことを学んで知ると、普段乗っているエアラインの旅客機は、駐機場に到着したらすぐにエンジンを切っていることが思い出された。当時の大型旅客機のジャンボジェット・クラスになると、一時間の運用費が二〇〇万円もするそうなので、それを一分でも短くしたいのだろうと気がついた。

さて、話をエンジン・スタートしたところへ戻す。エンジンをかけると、すぐさまラン・ナップ・ベイ(Run up bay)という場所へタキシング走行する。

スロットル・レバーを操作しエンジン回転数を一〇〇〇回転に上げて、サイドブレーキ・レバーを離すと、機体は人間が歩くくらいの速度で進み始める。すぐにジェームスがここで右へ行けと指差すので、ステアリングを切ってみたが、ちっとも曲がらない。「あれれれっ！」と声を出しそうになった。小型機が地上を走行するときは足のペダルで方向を変えるということを知らなかったのだ。すなわち向きを変えるための前輪は、ラダーと連動しているのであった。右に曲がりたいなら右のペダルを踏み込む。慣れないとこれが難しい。目の前にクルマのハンドルみたいなステアリングがあると、ついステアリングを行きたい方向に切ってしまう。

タキシングするときの地上走行用ブレーキは、主翼下の二つの車輪の両方についていて、足ペダルの上

の方を踏むと作動する。これは左右を個別に効かせることができるので、まっすぐ停止する時は左右ペダルの上を均等に踏み込む。便利なのは小回りができることだ。右に小回りしたいときは、右のペダルの上と真ん中を思い切り踏み込む。そうすると前輪が右に切れて、主翼下の右の車輪がロックするので、その右の車輪を中心にくるっと小回りすることができる。まるで戦車が急旋回するのと同じ動きである。

ラン・ナップ・ベイは、離陸前の動的点検をする場所である。ちょっとした広場になっており、ここでエンジンの吹け上がりやフラップ、エルロンの動作を確認する。そして管制塔に誘導されて滑走路へ向かってタキシングし、離陸の許可が出たら滑走路に出てエンジンを吹かして離陸する。

この搭乗から離陸までの操作は、上空でいかに高度な操縦技術をしようとも、毎回同じことを繰り返す徹底的な基本操作なので、儀式的な操作であるが、絶対に気を抜いてはならない操作だとぼくは考えている。この地上の操作をきちんとおこなうことで、地面の上で生きている者が空飛ぶ乗り物を操縦する者になると確信している。

ライセンス取得

こうしてぼくはペーター・ビーニ・アドバンスド・フライト・トレーニングの訓練生になってプライベート・パイロットのライセンス取得をめざした。趣味のパイロットである。わざわざ趣味と書くのは、ペーター・ビーニ・アドバンスド・フライト・トレーニングの訓練生の多くがプロのパイロット志願だったからである。オーストラリアでフライト・スクールの訓練生になるという人たちは、統計数字を確認した

自分で読んで学ぶ、まさに手引き書であった。自己学習のよる自己管理。

フライト・スクールで使った教科書はすべて白黒印刷の小冊子だった。

JAMES KNAUS
Flight Instructor

Peter Bini Advanced
Flight Training
Moorabbin Airport, Vic.
(03) 9580-5295

Tel :(03) 9859-4744
Fax :(03) 9859-4744

教官パイロットのジェームス君の名刺。素朴で簡素で親しみがある。現在はエアライン・パイロットを務め、教官職もしている。

わけではないが、半分以上から七割ぐらいがプロ志願だと思った。

もちろんプライベートであろうがプロ志願だろうが訓練の内容は同じである。飛行機とは何かから、どうして飛ぶのか、いかにしてターンできるのかといった知識を学び、実際の飛行機を使って点検整備と確認作業、操縦桿を握ってエンジン始動からタキシング、無線交信、離着陸、水平飛行、上昇降下、ターン、エンジン調整などの操縦テクニックをすべて習得していく。飛行中にエンジン故障で推進力を失ったというようなエマージェンシーのときの対処についても訓練をうける。

「エンジンが故障しました。これから不時着を試みます。だけどご心配なく。着陸は必ず成功します。念のためポケットの中のペンなど、尖ったものは身体から離してください。そしてシートベルトを確認し、不時着のショックに備える姿勢を取って下さい」

そしてハッチ上側のロックも外して半ドアにしておく。これは不時着のショックで機体がよじれるとドアが開かなくなる恐れがあるからである。不時着のための訓練は実際に不時着することはできないので、なるべく安全に準備をして不時着するテクニックを習うだけだが、これは着陸のテクニックを体得していればできる、その一つ先にある緊急テクニックだと理解した。

こういう訓練は、こういう状況になりたくないなと思って訓練をうけているのだけれど、現実に起こりえる可能性はゼロではない。どんなに点検と整備をして正確な操作操縦をしていても故障がゼロにならないという現実を認めて、その現実に備える訓練だ。ぼくらは規則を守っていれば安全だと考えがちだが、規則は流動的なところがあるし、人間がやっていようがＡＩがやっていようが、現実のなかで事故は起きるときには起きてしまう。こういう考え方を体得しているのがパイロットだと思った。もっといえば、パイロットの訓練がめざすところは機長なのである。訓練のプログラムのなかで機長として飛ぶことが最重要になっているが、飛行機を操縦できる技術を身につけるだけではなく、機長として判断し操縦できなければパイロットではないのであった。

ペーター・ビーニ・アドバンスド・フライト・トレーニングに入学するとき、パイロットのライセンスを取得するためには四〇時間以上の実技訓練をうける必要があると説明されたが、ぼくがうけた訓練は六〇時間以上におよんだ。時間だけでみれば五割増しだったのである。これは何も知らない初心者がパイロットになるまでに必要な訓練時間だったとぼくは納得している。量産自動車メーカーのエンジニアとしてエンジン搭載のモビリティについての知識があり、モータースポーツをやっていたことは、少しは有利だったかもしれないが、週末の時間をやりくりして通学していたから二週間の隙間があったりして訓練が順調に進まず停滞することもあった。

何よりも良かったのはペーター・ビーニ・アドバンスド・フライト・トレーニングの訓練プログラムの考え方が堅実であったことだ。訓練生が一つずつ身につけなければならない操縦技術を、きっちりと体得しているかどうかを判断して訓練が進行していくのである。一つの技術を一時間訓練したから次の訓練へ進みますというのではなく、訓練生が体得するまで訓練する。このフライト・スクールは「アドバンスド」と謳っているが、それは事実だった。まさに高等であり先進的なのである。このことを自信をもって書くのは、訓練生であったときも、一人前のパイロットして飛びまわるようになっても、ペーター・ビーニ・アドバンスド・フライト・トレーニングを卒業していることを伝えると信用してもらえたからである。「あの学校の卒業生ならば大丈夫だ」と何度も言われた。ペーター・ビーニ・アドバンスド・フライト・トレ

ーニングはオーストラリアの航空業界では信用がある学校だった。信用というからには、それは一年や二年ではできない歴史的な厚みのある評価である。

そのペーター・ビーニ・アドバンスド・フライト・トレーニングで、どのような訓練をうけたかを仔細に書いてしまうと、この本一冊ではページがとても足らなくなるので、このあたりで切り上げざるをえないが、偶然に運良くいい学校に恵まれたものである。卒業検定に合格してライセンスを取得したときに、プライベート・パイロットとして飛びまわる姿勢がかっちりと仕上がっていることを自覚できていた。

ぼくはこれから経験を積んで一人前のパイロットになるしかない新人で、空の上で困難な状況や危険な体験をするかもしれないが、しかしそうしたことに対する準備が完了しているという自覚であった。

ぼくのスカイ・ライフが始まった。

自家用飛行機を買った

ニュージーランドで飛ぶ

ライセンス取得直後、ぼくは再びニュージーランドへ長期出張に出た。

昨年の冬、ぼくに飛行機への興味を持たせた、あのワナカへまた行ったのである。あれから丸一年がすぎていた。今年も雪上試験のチームが日本から大挙してやってきたので、ぼくが現地の運営責任者をつとめる。駐在一年目は初めて経験する仕事が多かったし、オーストラリアの生活に慣れる時間でもあったが、きちんと仕事に向き合って働いてきたつもりだから、現地責任者をやって雪上試験を実り多きものにすることに意欲満々であった。

そうして雪上試験が始まり、一息ついた週末に、ワナカの飛行場へ遊びに行った。

昨年、遊覧飛行をした観光会社のカウンターへ行くと、あのときのパイロットがいて、ぼくのことを覚えていてくれた。嬉しくなったぼくは、昨年の遊覧飛行で飛行機に目ざめてしまい、一年がかりでパイロットのライセンスを取得したことを話した。本当は、ライセンスを取ってきたので今年は一機レンタルして自由に飛びたい、と言ってやりたかったのだが、残念ながらぼくはニュージーランドで自由に飛ぶことを、まだ許可されていない。

するとパイロットは、素晴らしく魅力的な提案をしたのだった。

「氷河とフィヨルドのチャーター飛行をしたらどうだい。オーストラリアのライセンスを取ったのだから、インストラクターが同乗すれば操縦をやってもらうのはかまわない」

ぼくは意気揚々とチャーター飛行を申し込んだ。インストラクター・パイロット付き、燃料代込みで、一時間あたりニュージーランド・ドルで一六八ドルだ。ただし、チャーター機はセスナ172である。ここにはぼくが慣れ親しんだパイパー・ウォリアーがなく、セスナ172が、いちばん小さくて安かった。

さっそく駐機場へ連れて行かれて、インストラクター・パイロットはぼくをセスナ172の左側の操縦席に座らせた。フライト・ログ・ブックとライセンスを見せろと言わない。ぼくという人を信頼してくれて、「免許とりたて初心者マーク」の腕前を言わずとも理解しているから、適切なインストラクションができるのだろう。ぼくをパイロット仲間のひとりとして認めてくれたのが誇らしかった。

コー・パイロット席に座ったインストラクター・パイロットがコクピット・ドリルを始めた。ようするにセスナ172の操縦方法を教えてくれるのだ。セスナ172は、パイパー・ウォリアーPA28と同型のエンジンを搭載していて、機体の大きさや、最大離陸重量や巡航速度などの性能もほぼ同じだと言う。たしかに飛行後のぼくの感想も、トヨタ・ヤリスを運転できればマツダ・CX3も運転できるという感じであった。

ただしスイッチやレバーの操縦系は少し異なる。まずセスナ172には、パイパー・ウォリアーにはある燃料ポンプのスイッチがない。主翼が機体の上にあるセスナは、主翼のなかにある燃料タンクから重力で自然にガソリンがエンジンまで落ちてくるから燃料ポンプがいらないのである。

フラップは電気式なので小さなトグル・スイッチで操作する。スロットル・レバーとミクスチャーは、パイパー・ウォリアーがクルマのATレバーのような形状であるのに対し、セスナは丸いノブのついた棒を押したり引いたりしてエンジン回転数をコントロールする。離陸時のように一気に回転を上げるには棒を押し込めばいいし、巡航中に少し回転を調整するには棒の先のノブを回す。

以上の説明をしたインストラクター・パイロットは、ぼくと一緒にエンジン・スタート前の点検をすると、航空管制の無線連絡を始めた。ぼくへはエンジンをかけろと手指で指示する。このときから操縦はすべてぼくがひとりでやった。インストラクター・パイロットが航空管制を全部やってくれ、あっちへ行けだの、ここで着陸しようだのと、指示を出すだけだった。

ぼくはエンジンを始動させ、タキシングをして、ラン・ナップ・ベイへ走り、管制塔の許可を待って滑走路へ向かい、エンジンを全開にして滑走を始めた。離陸や上昇時の速度などはパイパー・ウォリアーと同じである。したがって難なく飛び立つことができた。

真っ平らなオーストラリアしか飛んだことのないぼくにとって、ニュージーランドの環境は全く別世界だった。エンジン・フェールしても、着陸できそうな場所がまったくない、岩と氷の世界だと思った。

しかしシングル・エンジン機を操縦するパイロットが、常にエンジン・フェールを頭に置いて飛行すべきであるのは、ここでも同じであった。

目の前にあったアスパイリング山の、カール上のすり鉢の奥の大きな岩壁を近くから見るために接近しようとすると、隣のインストラクター・パイロットが言った。「この方向はダメだ」。いわく、この向きでアプローチすると、万一エンジン・フェールした場合、前方には自分より低い位置に壁があることになるので、激突するしかない。逆方向からアプローチすれば、エンジン・フェールしたら岩壁の直前を滑降しながら、ターンしてすり鉢を抜け出し、向こうの谷に降りられる。

遠くに見える、その谷の地面は大きな岩がゴロゴロしていたので、不時着を試みても無事では済むまい。だけども垂直の壁に激突するよりは、はるかに生存の確率が高いのであろう。パイロットは常にリスクを最小にする飛び方を考えているのだ。

そのような教示をえたアスパイリング山頂をぐるりと一周し、原生林のなかにある湖の上空を飛ぶ。静かな湖だった。上空から見ると、この湖の周辺には道路がない。陸路では行けない湖なのかもしれない。手つかずの自然の湖だ。そう思うと飛行艇ならば着水できると夢のような想像シーンが浮かんできた。ぼくはきっと釣りをするだろう。そして巨大に成長した、湖のヌシみたいなマスを釣る。

昨年の遊覧飛行と同じコースを飛び、いったん西海岸に出て海上でUターンすると、ミルフォードサウンドの切れ目に入った。両サイドは絶壁である。その峡谷を縫うように飛ぶ。やがて三方塞がりの鍋底であるミルフォードサウンド・エアストリップ（滑走路だけある飛行場）が見えてきた。ここに着陸する。

このエアストリップへのアプローチは少しばかり緊張した。滑走路が海に向かって少し斜めを向いている。だからファイナル・レグでは右側の絶壁であるマイターピークの稜線すれすれまで寄ってからターンしなければならない。さらに考慮が必要なのは、目の前の滑走路の向こうが、三方とも絶壁であることだ。アプローチに失敗したらゴー・アラウンドができない。

慎重に着陸操縦をした。そこで気がついたのは、壁に囲まれているから、厄介な横風がないことだった。思ったよりたやすく着陸することができた。

エアストリップでしばらく休憩し、ふたたび飛びたった。峡谷の鍋底をグルグルと旋回しながら上昇する。眼下の海ではカヤックに乗って遊んでいる人たちが見える。転覆したら寒そうだが、ここの海は波のない、湖のような平らな水面である。

インストラクターが「ちょっと寄り道をして、滝を見ていこう」と誘うので、どのような滝なのか期待がふくらんだ。彼の指示にしたがって、渓谷に沿って山側へと進んだ。すると狭まってきた渓谷の奥が、カール上のすり鉢になっていて、底が湖になっていた。

その三方を断崖に囲まれ、雪どけ水を集めた山上の湖は、一か所だけ口をあけており、そこから水が凄まじい勢いで真っ直ぐに落ちている。その滝の落差は五八〇メートルで、ニュージーランドでは最長の落差だ。まさに絶景である。人間を寄せつけない絶壁の山の湖から落ちる一本の滝は、自然が織りなす壮大なアートだ。ぼくたちは滝口から湖上に入り、時計回りですり鉢の湖上を高度二〇メートルほどで一周したあと、再び滝口から大空へ出た。静かな湖面から、五八〇メートル落ちる滝口のすぐ上を通過したときは、あまりの高度感にめまいがするほどだった。

この湖の名前はレイク・クイルで、滝の名前はサザーランド・フォールズだとおしえてもらった。どちらも世界中のナチュラリストに愛好されている名勝である。ウィンドウズ10（テン）のロック画面の壁紙に、この湖の写真がつかわれていたので、この絶景を見たことがある人は多いと思う。

湖の三方が絶壁で囲まれているので、陸路でこの湖にくることは不可能だろう。小型機でしか見られない秘境である。それなのに昨年の遊覧飛行では見せてくれなかった。もしかしたら通常の商業飛行が許されていない場所なのかもしれない。

絶景のサザーランド・フォールズを見て感動したあとは、帰路につき荒涼とした稜線に沿って飛んだ。途中でインストラクター・パイロットが指差すところに山小屋があった。

「あれがミンタロ・ハットという山小屋だ。ミルフォード・トラック二日目の宿だ」

ミルフォード・トラックとは世界的に有名なトレッキング・ルートのことだ。「世界一美しい風景のトレッキング・ルート」とさえ呼ばれている。ただし一日の入山数が五〇人に制限されている。三泊四日の完全予約制コースの参加者五〇人だけである。テント持参のフリー入山は許されていない。五〇人に制限されているのは、三泊するそれぞれの山小屋の定員が五〇名だからだ。したがって同じ山小屋に連泊したり、がんばって歩いて日程を短縮したりすることはできない。朝歩き始めてから夕方に次の山小屋に到着するまでは自由行動だが、先頭と後尾はレンジャーが歩き、参加者が無事に行動しているか見守ってくれる。この広大な自然の中に一日五〇人しか入れないとは、何と贅沢な、そして厳格に保護された環境なのだろう。

ワナカの空港に着陸したとき、何ともいえない感慨があった。

ちょうど一年前にここで遊覧飛行をして、次は自分の手で飛行機を操縦したいなと漠然と憧れたことが実現したのだ。そのフライトも、すべてが期待していたとおりの、そして新鮮な経験だった。

高翼のセスナを操縦したのも初めてで、一回トリムをかけたあとの姿勢安定性と静粛性やファイナル・アプローチの低速操作性などは、パイパー・ウォリアーよりも優れているように感じた。きっとそこが世界中で入門機としてセスナが使用されている理由であろう。

夢が実現したときの楽しき気分が、ぼくの心のなかでホカホカしていた。

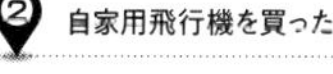

初の機長フライト

ライセンスを取得したら、すぐにでもソロで飛んでみたいのは当たり前だ。ニュージーランドの出張から帰って、さっそく翌週にフライト・スクールの機体を予約した。

機長として初のクロスカントリー飛行の行き先を「グレート・オーシャン・ロード」と決めた。ジェームスがお勧めだと言っていた場所であり、南極から押し寄せる豪快な波がたつ海に断崖絶壁がそびえ立つ景観地である。「一二人の使徒」とか「ロンドン・アーチ」といったニックネームがつけられた奇岩を眺める海沿いの道は、絶好のドライブ道路で、ビクトリア州の観光案内にはここの写真が必ず出てくる。もうずいぶん昔のことになるが、宇多田ヒカルさんの歌が印象的だったトヨタ・ウイッシュというミニバンのテレビコマーシャルを撮影した道なので、ぼくは見たことがあった。そのコマーシャルでもちいたキャッチフレーズは「世界一美しい海岸線」だ。

このクロスカントリー飛行の乗客は、妻と四歳の息子。それからぼくと同じくメルボルンに駐在している同僚の渕上さんの計四人だ。渕上さんは昔から飛行機に興味があったらしく、ぼくがライセンスを取った話を聞きつけての飛び入り参加である。

機体はパイパー・ウォリアーＰＡ28－１６０型を選んだ。訓練でお世話になった機体そのものをレンタルした。

当日は運わるく生憎の曇り空だったが、朝一〇時にムーラビン飛行場を出発した。メルボルンの内海であるポートフィリップ湾の海岸線沿いに東南へ飛び、まずはトーキー町の上空へ向かう。ここはサーフィンをモチーフにした活劇映画『ポイントブレイク（邦題ハートブルー）』のラストシーンが撮影された町で、大波で有名なサーフィン・エリアであるベルズ・ビーチがあり、上空からは沖合いにたくさんのサーファーが波待ちをしているのが見えた。この日は外洋に白波も立たない程度の穏やかな天候だったが、それでも海岸線近くではチューブ・ライディングをやっているのが見える。きっと地形的にも良い波が立ちやすいのだろう。

このトーキーがグレート・オーシャン・ロードの言わば玄関の町で、この先から海岸線のすぐ脇をはしる道路が延々と続くのである。ぼくたちはその道を五〇〇フィート（一五二・四メートル）上空でトレースしながらアポロ・ベイを目指した。

アポロベイはグレート・オーシャン・ロードの奇岩絶壁エリアが始まる直前にある小さな漁港だ。この港町にこのエリア唯一のプライベート・エアストリップがあるとジェームスが情報をくれたので、ぼくは航空地図で確認しておいた。エアストリップとは小型機しか離着陸のできない、滑走路があるだけの規模の小さな飛行場のことだ。もうちょっと大きくなるとエアロドロームとかエアポートと呼ぶようになる。このアポロ・ベイの滑走路には管制塔がない。あるのは風の強さと方向を知らせる吹流しだけだ。まさに典型的なオーストラリアのプライベート・エアストリップである。余談だが、このエリアには航空地図に出ていない、もっと小さなエアストリップがもう一つあることを、ぼくはのちに発見している。

ぼくたちは、このアポロ・ベイのエアストリップに一時着陸する計画だった。おにぎり弁当を作って持ってきたので地上でランチタイムをしようと思っていた。

滑走路で立ち往生

ここはC-TAF（管制塔のない空港）なので、このエリアに他の飛行機がいないか、無線機でアナウンスしなければならない。誰からも返答はない。視察のため上空を二周ほど低空で旋回した。吹き流しがだらんとしていたので強い風はないと判断した。09／27に約七〇〇メートルの長さの芝生の滑走路があり、その中央部分だけは七〇〇メートルに渡って幅五メートルほど砂利がまかれているのが見える。目視する限り凸凹ではなさそうだが、芝生部分はあちこち線状に剥げている。着陸の際につけられた轍の跡だ。滑走路は09方向は海に向かい、27方向はそのまま山に向かっているので、風向きに関係なく着陸は27、離陸は09を使うしかない。そうした判断をしてから着陸した。すんなりと幅五メートルの砂利路面に着陸できた。

ところが、その場所で海側にある駐機場へ向かおうとUターンし前進したとたん、幅五メートルの砂利路面から外れて、湿った芝生路面に車輪をとられた。ぐるっとUターン旋回をして進んだ瞬間、湿った芝生路面にグッと車輪が取られるのを感じたので、反射的にエンジン・パワーを全開にして脱出しようとしたが、如何ともし難かった。前輪と主翼下右側の車輪が、ヌタヌタになった芝生にズブズブとのめり込み、あえなくスタックして動きがとれなくなった。なるほど滑走路の中央部分が砂利路面になっていたのは、こういうことだったのかと気がついたが、もう遅いのであった。新米パイロットは濡れた芝生路面の滑走路の落とし穴を知らなかった。

何度かエンジンを全開にして脱出を試みたが、一六〇馬力のエンジン推進力なんてたかが知れているようで、うんともすんとも言わない。そこで、みんなで降りて、力を合わせてどっこらしょと押しても、これまたうんとも言わず。機体重量は軽自動車より軽い六〇〇キログラムぐらいなので、大人三人と四歳の息子の合計四人で押せば動いてもいいはずなのだが動かない。小さな車輪の半分以上が粘土のようになった濡れた芝生に埋まってしまっているので、思ったより抵抗が大きいようだ。

これはまずい。滑走路のど真ん中で立ち往生しているのだ。ここに降りたいパイロットは着陸することができない。それがもし緊急着陸であったら人命にかかわる事態になる。どうしよう。空を見上げながら焦りまくって、板っ切れを拾ってきて車輪にかましてみたり、車輪が埋まったところを掘って砂利をまいたり、必死になっていろいろ工夫していると、一台のクルマが近づいてきた。忘れもしない日本車のスバル・レオーネだった。おそらく走破性のいい四輪駆動のモデルだろう。どこかで見ていた地元の人が助けにきてくれたのだ。彼はニヤニヤ笑いながらレオーネから降りると、手馴れた手つきで牽引ロープの片方を機体後尾のフックにかけ、もう片方をレオーネのジョイントに引っ掛けて、難なく芝生路面から機体を引っ張り出してくれた。機体は無事救助された。

ぼくらは彼へ心からの感謝の言葉を伝えたが、聞けばこの時期、湿った芝生でスタックしてしまう飛行機が毎週のようにいるそうだが、君みたいに固い砂利上に降りたのにUターンしてスタックする奴は珍しいと言われた。たいへん恥ずかしい思いをした。ぼくがパイロット・ライセンスを取ったというので喜んで乗りにきてくれた渕上さんも呆れていたことだろう。

二度とこんな失敗はしたくない。冷静になってエアストリップを見渡せば、山側の滑走路末端に固い路面の旋回場があったので、着陸して砂利路面の上をそのまま進行して旋回場まで走り、そこでUターンしてまた滑走路中央の砂利路面をタキシングし、海側の駐機場に行くのが正しいアクションであることを確認した。

ほうほうのていでたどり着いた駐機場は、ちょっとした広場になっているだけで、丸太で作ったベンチの他は、地面に一本の木製の杭が打ち込んであり「ビジター着陸料　単発二ドル　双発四ドル　よろしく!」と書かれた空き缶がぶら下げられていた。そこにチップ込みで一ドル・コイン一枚と二ドル・コイン一枚を投げ込み、ぼくたちはおにぎりが入ったタッパーウエアとお茶が入った保温ポットをとりだし、おにぎりをほおばった。

ふたたび離陸し、またグレート・オーシャン・ロードに沿って飛ぶ。ケープ・オトウェィ岬をすぎると、それまで砂浜であった海岸線が断崖絶壁になった。崖の上は内陸に向かって穏やかな丘陵地が続くが、道路はかなり内陸側を通っている。したがってクルマで走っていても海は見えないだろう。「一二人の使徒」と「ロンドン・アーチ」がある最大の見せ場あたりで、ようやく道路は海岸線を通る。駐車場から続くボードウォーク（板張りの道）に観光客がいるのが見える。海岸沿いの海中に柱のような岩が点在する「一二人の使徒」の奇岩では、その間をすり抜けて飛ぶというアイデアを思いついて実行したくなったが、エアストリップでスタックするという失態を演じたばかりだったので、そういう冒険心はぐっと抑えて上空五〇〇フィートからの見学で我慢した。あんまり低いところを飛んで、観光客に通報されるのも困る。

空からの奇岩鑑賞をたっぷり楽しんで、大きく旋回すると復路についた。復路もアポロ・ベイに着陸し持参した温かいコーヒーをつめた保温ポットでコーヒーブレイクをとった。二回目の着陸だからスタックには十分に気をつけた。

復路は往路と同じ海岸沿いをトレースして飛ぶのではなく、ペンギン・パレードで有名なフィリップ・アイランドをめざして海の上を飛び、メルボルンのムーラビン飛行場へ帰った。

合計四・〇時間のクロスカントリー飛行をした「初・機長」は、スタック一回というまったく予期せぬ事態を引き起こした他は、無事に終了した。

この素晴らしきデイ・ツアー・コースは、ぼくのお気に入り日帰りコースになり、このあと何回も飛ぶことになった。

中古飛行機の値段

毎週末フライト・スクールに通って、プライベート・ライセンスがほぼ手中に見え始めた頃から、ぼくの頭に身の程知らずのアイデアが芽生え始めていた。このアイデアは野望と呼んでさしつかえないぐらいの分不相応な考えだと最初は思っていた。

フライト・スクールの通学路で、幹線道路から曲がってムーラビン飛行場のゲートまで細い道を走るところがあるのだが、その角に「中古機店」があった。

パイロットのトレーニングを受けている者が、中古機店の前に立ち止まって見たくなるのは当然の行動だろう。見て楽しむだけで、もちろん自家用飛行機を買うなんて発想すら最初は皆無だった。ライセンスを取ったあとはレンタル飛行機で飛んで楽しもうと思っていたのだ。

だけれど中古機店の芝生の上に並べられて「Ｆｏｒ Ｓａｌｅ」の札がついた、さまざまな機体を見る

たびに、自分の飛行機が持てたら、どんなに面白いだろうと思った。しかし問題はやっぱり購入資金だ。さすがに飛行機は高い。セスナ172で四万五〇〇〇ドルから七万五〇〇〇ドルほどする。当時は円高だったので日本円にすると四〇〇万円から六五〇万円である。四〇〇万円であっても、とても三〇歳そこそこの若造が買えるおもちゃではない。貯金全額を使っても、あと一〇〇万円も足りない。それでも見ているだけで楽しいし、各機種についての知識が深まるから、スクールの帰りにずらっと並んだ機体を眺めては夢をふくらませていた。この中古機店は、しばしば展示してある機体が入れ替わるので、もしかしたら安い機体があるのじゃないかという夢をもたらしていたのである。

Z１inという滅多に見かけない飛行機は、キャノピーが全てグラスになっていて全方位の視界がよさそうだ。かつ操縦桿がハンドルではなく、床から生えている棒になっている。戦闘機みたいでかっこいい。

ムーニーM20（Moony M20）という飛行機は、訓練機のパイパー・ウォリアーに似ているが、ひとまわり小さく見える。車輪が折りたたみ式で、プロペラも可変ピッチだ。コクピットを覗き込むと計器飛行の装置もついている。何といってもスピードメーターの指示速度域がウォリアーよりも五〇ノット（時速九二・六キロメートル）くらい速い。つまり時速三〇〇キロメートルにちかい。スピードを楽しむ小型機なのだろう。

パイパー・アローはウォリアーの高級バージョンだ。機体はウォリアーと同じながらエンジンが強力で一八〇馬力と二〇〇馬力の二つの仕様があった。車輪も折りたたみ式で、プロペラも可変ピッチだ。

中古機の売り買い情報は、『アビエーション・トレーダー（Aviation Trader）』という航空機売買の専門月刊紙があるので、これを読めば情報収集に事欠かない。ペーター・ビーニの隣のスカイ・ショップで五ドルで売っている新聞だ。その最終面は個人売買欄になっていて、機体の種類別に、値段の順で「売りたし・買いたし」の情報が掲載されている。まだライセンスを取る前から妻には内緒で、この新聞を購入して密かに計画を練っていた。当時のオーストラリアにおける中古機の相場は次のようなものであった。

三二年落ちパイパー・チェロキー140：二五〇万円
二三年落ちパイパー・チェロキー140：四〇〇万円
三二年落ちパイパー・チェロキー180：三九〇万円
二〇年落ちパイパー・チェロキー180：五七〇万円
二五年落ちパイパー・ウォリアー160：三七〇万円
一六年落ちパイパー・ウォリアー：五六〇万円
二九年落ちパイパー・アロー180／200：五三〇万円
二〇年落ちパイパー・アロー180／200：八〇〇万円
三〇年落ちセスナ152：二三〇万円
二〇年落ちセスナ152：三六〇万円
三二年落ちセスナ172：四〇〇万円
二一年落ちセスナ172：六五〇万円
二五年落ちセスナ182RG：八〇〇万円
一〇年落ちセスナ182RG：一一〇〇万円

二五年落ちムーニーM20：八〇〇万円
一〇年落ちムーニーM20：一一〇〇万円

このリストは一九九六年の年末の相場である。強烈な円高の時代だったので、いまから考えれば、とても安く感じるだろう。

このとき知って驚いたのが、古い機体が、現役ばりばりの機体として売られていることだ。二〇年落ちは当然、三〇年落ちがザラにある。当時で三〇年落ちといえば、一九六〇年代に製造された機体だ。第二次世界大戦が終わったのが一九四五年だから、それから一五年後の時代に製造されている。ぼくは一九六四年生まれだから、ぼくより年寄りの機体も珍しくない。そうしてみると大昔の飛行機ということになるが、写真を見るかぎり、そのように見えない。飛行機は歳をとらないのであった。

さて、こうして相場を把握してすぐにわかったことは、ぼくの貯金で買うことができるのは、三〇年落ちのセスナ152か三二年落ちのパイパー・チェロキー140のどちらかしか、選択の余地がないことであった。しかしセスナ152はエアロバティック飛行ができるがふたり乗りなので、家族旅行には使えない。必然的にターゲットは四人乗りのチェロキー140となる。

ただし、年式と値段だけで選んではいけないのが、中古機を買うときの掟であった。なぜならば飛行機のエンジンは、オーバーホールが義務づけられていて、それは時間でコントロールされているからだ。

いまリストアップしたパイパーとセスナとムーニーは、いずれも同じライカミング社製の水平対向四気筒エンジンを搭載している。エンジン・パワーは一二〇馬力から二〇〇馬力とちがいがあり　それぞれオーバーホールの時間が規定されている。それは一八〇〇時間から二〇〇〇時間である。新品エンジンでも規定時間になるとオーバーホールしなければならず、一度オーバーホールするとまた規定時間まで使用することができる。エンジン・オーバーホールの費用は当時のオーストラリアで一五〇万円から一八〇万円だったので大きな出費となる。

だからエンジン・オーバーホール直後でまだたくさん持ち時間のある機体は、年式が古くても価格が高く、逆に年式が新しくても短時間でオーバーホールが必要となる機体は安い。同様にプロペラも規定時間毎のオーバーホールが義務づけられているが、こちらのオーバーホール費用は二五万円から三〇万円ほどなので、その費用はあまり価格に反映されない。

したがって中古機の売り買いのデータには、価格以外に必ずエンジンとプロペラの残り時間が記されている。「ETR870」とあれば、次のオーバーホールまで八七〇時間あるということだ。ETRはEngine Time Remaining（残っているエンジン時間）の略だ。同じくPTRがプロペラの残存時間である。

こうした自家用飛行機を買うための知識が増えていくと、ぼくはいつしか飛行機を買おうという気持ちになっていたのである。不思議なものだ。つい半年前までは、そんなことは夢のまた夢だと思っていた。だが、貯金全額で買うことができる飛行機があることに気がついてしまった瞬間から、夢は現実になっていった。何しろ中型のクルマを一台買うぐらいの値段で飛行機が買えてしまうのである。維持費だって日本でクルマを所有している程度のお金で済む。買いたいという気持ちは冒険でも博打でもない。趣味だと言い切れるお金でスカイ・ライフを楽しめるのである。

冷静になって考えても、飛行機を買うということは、それほど大きな問題ではなかった。貯金全額をはたくことになるであろうが、しかし中古機の相場を知ればリセール・バリューがわるくないことは誰にだってわかる。メルボルンに駐在している期間だけ自家用飛行機を所有して飛びまわり、駐在期間が終わって帰国するときには売ればいいのだ。もっと簡単に言ってしまえば、レンタル飛行機をいちいちお金を支払って借りて乗るより、自家用飛行機を買って乗って売って帰国する方が、最終的に合計すれば圧倒的に安くつくのである。

ともあれ、そんな机上の計算どおり調子よくことが運ぶのかと自分でも思うことがあるけれど、こんなに気持ちがわくわくするチャンスが目に前にあるのだから、自家用飛行機を買いたいという気持ちは突っ走るばかりであった。

ついに飛行機を買った

ぼくが三万二〇〇〇オーストラリア・ドルでETR一二三〇時間のパイパー・チェロキー140をみつけたのは、プライベート・ライセンスを手に入れた月に発行された『アビエーション・トレーダー』の「売りたし・買いたし」ページであった。

この中古機は当時のレート換算で約二八〇万円だったからお買い得だと思えた。駐機しているのはタイアブ町のモーニントン・ペニンシュラ（Mornington Peninsula）空港である。ぼくの家からクルマで五〇分かからない。この空港はムーラビン飛行場のトレーニングエリアの南二〇マイル（約三二キロメートル）ほどにあり、訓練時に上空を飛んだことがある。Tの字型の幅広い二本の滑走路がある空港だ。ジェームスが、ここのフライト・クラブである「ペニンシュラ・エアロクラブ」は、アットホームで凄くいい雰囲気だよと言っていた。

売主であるオーナーはブッチャーさんという人で、電話をかけてみると気さくな感じの人だった。いつでも試乗は歓迎すると言う。そこで次の週末に行ってみることにした。

約束の時間より一時間くらい早く行って、飛行場を偵察した。ここの滑走路は未舗装だが、夜間照明があり、給油設備もある。バーカウンターと集会場をそなえた二階建ての立派なクラブハウスがあった。芝生の庭がバーベキュー場になっていた。クラブハウスの横の駐機場には二〇機ほどが停まっている。

売りに出ているパイパー・チェロキー140はどれだろう。ドキドキしながら一機ずつチェックしていった。白い機体に茶色のラインが入ったチェロキーがある。かなり古そうであちこちが錆びている。はっきり言えばボロだが、これかなぁ。もう一機、同じく白い機体に赤と黒のラインが入ったチェロキーがあった。こっちはきれいだ。こっちだったらいいなぁ。

だが結果としては、そのどちらでもなかった。怪しげな東洋人が駐機場をジロジロ見てまわりニヤニヤとしているのだから、もうとっくにバレバレだったのであろう。「やぁ、君がジュンだな！」と右手を差し出しながらクラブハウスから出てきたのは、年の頃五〇代半ばと思われる、よく太った典型的なオージー（オーストラリア人）のおじさんである。ブッチャーさんだった。

こっちにあるよと連れて行かれたクラブハウスの裏手に、水色のチェロキーがあった。

登録ナンバー「ＥＴＩ（Echo Tango India＝エコー・タンゴ・インディア）」が紐で繋がれていた。この登録ナンバーは登録時に自動的に振り分けられるので意味はない。「エコー・タンゴ・インディア」も意味がない。これは国際電気通信連合で制定されたフォネティック・コードをつなげただけだ。フォネティック・コードとは、たとえばＡという文字を口語で正確に伝えるために「アップルのＡ」と言うときの規定された通話表符号である。このコードは航空機の無線通信でも使う。Ｅはエコー、Ｔはタンゴ、Ｉはインディアと規定されているから、エコー・タンゴ・インディアがニックネームのようになる。実際に通話するときは「こちらＥＴＩ　エコー・タンゴ・インディア」と名乗る。

ＥＴＩのキャノピーには青い布のカバーがかけられている。前輪にはカウリングもなく、タイヤがむき出しだ。素のままのシンプルなチェロキーだが、こいつ、きれいである。錆びも塗装のやつれもなく、いままで見た飛行機のなかで一番清潔感のある機体だった。

「試乗するなら、いちおうライセンスを見せてもらおうかな」と言いながら、ブッチャーさんはカバーを外して固縛（こばく）を解いた。

「これは１４０といっても後期型で、エンジンは一五〇馬力だ。ＥＴＲは一二三〇時間、プロペラは換えたばかりだからＰＴＲは一九六〇時間もあるよ」

一九六九年製だというから、このとき二七年落ちだが、コクピット内もきれいな機体であった。ステアリングこそ握りの細い貧弱な外観に古さを感じるが、シートはまったく擦り切れておらず、無線機は周波数がＬＥＤで表示されるデジタル式に載せ替えてあった。

ブッチャー氏を横に乗せ、試験飛行をさせてもらう。エンジンは一発でかかった。古いパイパー・チェロキーはエレベーター・トリムが天井についていて、昔のクルマの手動サイド・ガラスみたいなハンドルをクルクルまわして調整する。このエレベーター・トリムだけが、ぼくの訓練機だったパイパー・ウォリ

パイロット・ライセンス取得の練習機となったパイパー・ウォリアーの同型機。初めて操縦した思い出深い小型機である。

アーと操作が異なるが、他の操作系は基本的に同じだった。エンジンはウォリアーの一六〇馬力に対して、一〇馬力低い一五〇馬力で、たしかに何となく力が弱い気がする。空中での安定性もウォリアーより少し劣るように感じた。横風などの外乱でふらつきやすいようだ。このチェロキーは六〇年代に初認可された機体で、その後継機種として七〇年代にウォリアーが初認可されている。だから外見はほぼ同じように見えるのだが、エンジン・パワーが増えたり、微妙な操縦性能の改良がほどこされているのだろう。けれども巡航速度はほとんど同じく一〇〇ノット（時速一八五・二キロメートル）出るようだし、何よりもきれいな機体を、ぼくは気に入った。

一五分ほどの飛行と、一回のタッチ・アンド・ゴーを試させてもらったあと、着陸した。

エンジンを停止したとき、ぼくはブッチャーさんに言った。

「これ、ぼくに売ってください」

「そうか、気に入ってくれたか」

ブッチャーさんは、ぼくの肩に手を回してポンポンと叩いた。

こうしてぼくはついに自家用機のオーナーになってしまった。

試験飛行をおえると、ブッチャーさんはクラブハウスにぼくを連れて行き、そこにいたクラブのメンバーみんなに紹介してくれた。

「ジュンは、日本から駐在員としてメルボルンに来ていて、パイロット・ライセンスを取った。そしてたったいま、エコー・タンゴ・インディアのオーナーになることになったんだ」

クラブのメンバーたちは、とても気さくな人ばかりで、みんなが口々に「ここのクラブに入って飛行機

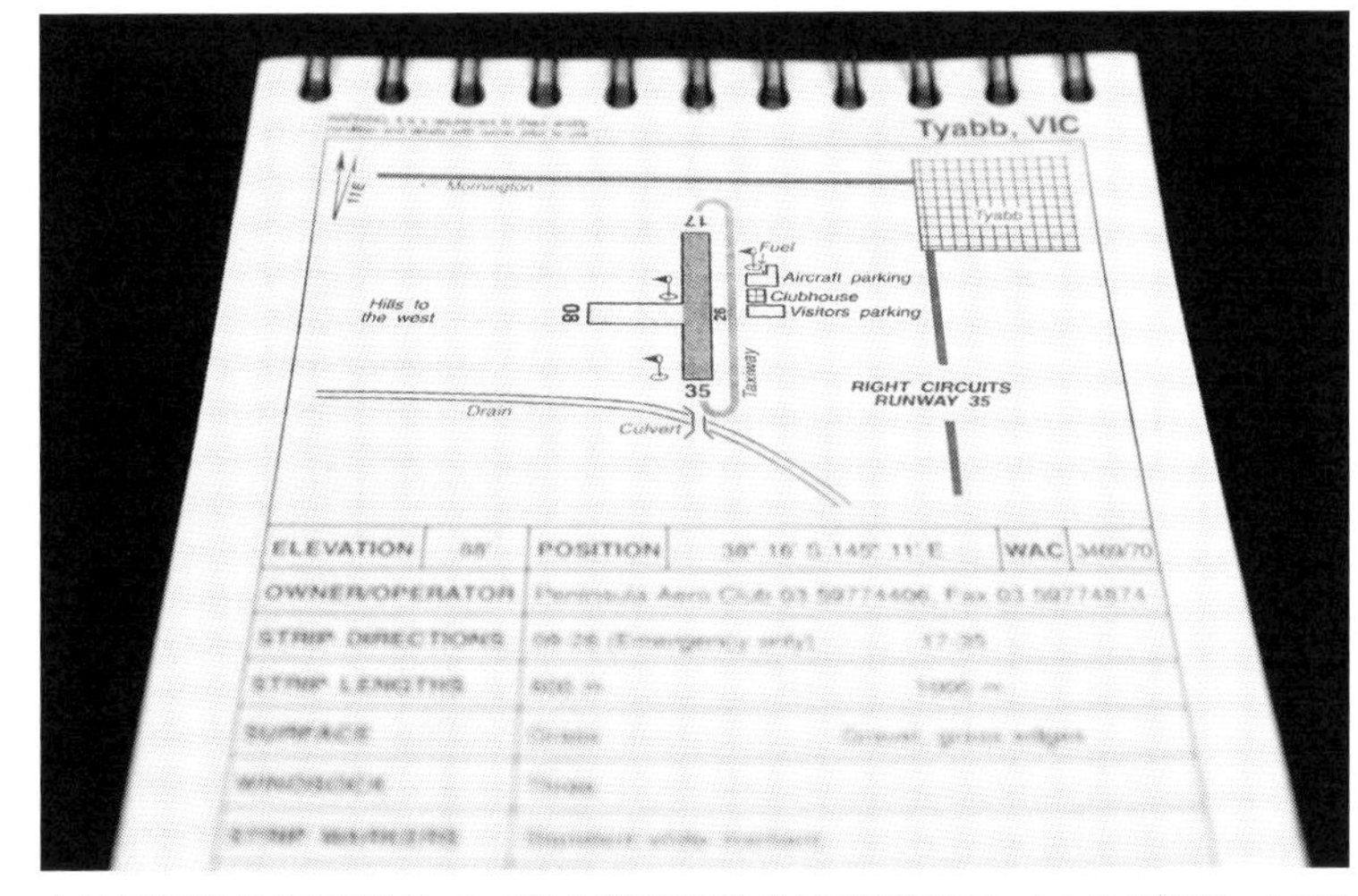

小さな飛行場ばかりが掲載されている個人出版の空港ガイドに掲載されていたタイアブ空港。この飛行場でチェロキーを買った。クラブハウスのハンバーガーが旨い。

航空保険証のカバー。加入者はそれほど多くないから凝ったデザインをしていない実用一本槍のカバーである。大型旅客機もこんな保険証だと思うが、どうだろう。

を継続してタイアブに置きなよ」と勧めてくれた。クラブの入会金は六〇〇〇〇円、年会費が三五〇〇〇円、年間駐機料が三万二〇〇〇円だった。

ぼくはクラブの楽しそうな仲間の一員になれば学ぶことも多いだろうと思い、入会金と年会費を支払ってクラブに入会した。しかし愛機となったエコー・タンゴ・インディアは、なるべく近い場所に駐機した方が便利だと考えて、ムーラビン飛行場に置くことにした。何せウチからムービラン飛行場までクルマで一〇分である。

タイアブで自家用飛行機を買ってから、その帰り道にムーラビン飛行場へ寄った。ムーラビン飛行場はクラブではなく、民間航空安全庁のCASA（Civil Aviation Safety Authority）が管理しているので、管制塔下のオフィスへ行った。そこで中古機を買ったのでここに置きたいのだと相談したら、空港の地図をくれ、斜線でハッチングしてある芝生のエリアの空いているところの好きな場所に置いて下さいと言われた。年間の駐機料は六万三〇〇〇円である。入会金も保証金も手数料もいらない。その場で駐機料を支払うと、駐機許可証のステッカーをくれた。

ウチへ帰り、妻に飛行機を買うことにしたと言ったら仰天していた。だけど結婚してすでに五年が過ぎ、だいたいぼくの行動パターンが読めてきているから、それ以上何も言わなかった。金額は三〇〇万円しないよと言ったことが安心させたようだ。貯金はすっかりなくなってしまうが、借金をせずに何とか払える額である。

二週間後、妻の運転でタイアブへ向かった。この二週間で、ブッチャーさんと売買契約をむすび、日本の銀行から送金支払いをし、オーナーシップの変更手続きなどを済ませた。

フライト保険にも入った。保険会社は飛行時間七〇時間の新米パイロットだと知ると、機体保険の加入契約をするのを渋ったのだが、フライト・スクールはどこだと聞かれ、ペーター・ビーニだと答えると「あぁ、あそこの卒業生なら大丈夫だ」と言って加入を認めてくれた。フライト・スクールにも信用の差があるんだということを初めて知った。

タイアブに着くとブッチャーさんからチェロキーのキーを手渡され機体を受けとった。

ブッチャーさんは「ここに置けばいいのに」と少々むくれていたが、クラブ員なのだから頻繁に遊びにくるよと言ったら、彼は微笑んだ。

帰り道、妻はクルマを運転して陸路で、ぼくは空路でムーラビンをめざした。当然飛行機の方が早く着く。ムーラビン飛行場へ着陸すると、タキシングして管制塔そばの子供のプレイグランドがある横の空き地に機体を運び、芝生に杭を打ち込んでムアリング・ポイントを確保した。ここなら子供を公園で遊ばせておきながら機体の整備をしたりできるだろう。けれども、あまりにアクセスの良い場所に置いたので、それが悩みになるのを、やがて思い知ることになる。三〇分ほどしたら妻がクルマでムーラビン飛行場に到着した。

ウチへ帰るクルマを運転しながら、これで二四時間稼動する五本の滑走路とナビゲーションビーコンまで備えたムーラビン飛行場を基地として、いつでも自分の飛行機を好きなように飛ばせるのだと思ったら、ぼくは笑いが止まらない気分であった。

当時のログ・ブックの記録では、この日から三週間は毎週末の土・日とも、一時間ずつくらいムーラビンでタッチ・アンド・ゴーのサーキット練習を繰り返している。自転車を買ってもらった小学生のときも、オートバイを手に入れた高校生のときも、大学に入って車の免許を取得したときも同じだった。用もないのに乗りまわしているだけで嬉しい。ぼくは根っから乗り物好きなのである。

海を航るタスマニア島

タスマニア島は、二〇〇万分の一の地図で見る限り、メルボルンの目と鼻の先の海に浮かぶ島である。メルボルンから南の方角へ三〇〇キロメートル飛ぶとタスマニア島に着くが、その海峡は荒波で知られるバス海峡だ。ちなみに、タスマニア島は南緯四一度あたりにあり、さらに南へ二〇度ばかりどんどん飛んでいくと、次の大陸は南極大陸である。

プライベート・パイロットとなったぼくの次のターゲットは、このタスマニア島へ航ることであった。

そもそもタスマニア島は、オーストラリアの先住民であるアボリジナル・ピープルが暮らす平和な島だったが、大英帝国の植民地時代にオーストラリアが大英帝国の流刑地になり、そのオーストラリアでさらに悪事をはたらいた者が流されたのがタスマニア島だったと聞いた。そういう歴史があるので、口さがない人は「極悪人の島」と言ったりするが、タスマニア島をそのように言われる島にしてしまったのは大英帝国である。

いまのタスマニア島は、赤茶けて平坦なオーストラリア本土とは異なる、緑豊かな山々と無数の湖が点在する、手つかずの大自然をもつ島だ。近年は無差別大量殺人事件が起きてタスマニア島の名前が世界中で話題になったが、ぼくの頭には薬師丸ひろ子さんと田中邦衛さんが主演した一九九〇年（平成二年）公開の映画『タスマニア物語』で見た、素朴で美しいタスマニア島のイメージがあった。

北海道の八〇パーセントほどの面積の大きな島だが、当時の人口は五〇万人もいない。地図で見るタスマニア島は、小さな町や村が十数あり、その都市と都市をむすぶ道路は整備されているが、中央部の無数の湖水地帯や、南西部の複雑な海岸線地帯へは、一般的なアクセス・ルートが確認できない。そうするとそこは、前人未到とまでは言えないだろうが、めったに人が立ち入れない大自然地帯ということになる。

いまは世界遺産として登録されたタスマニア原生地域だ。そのような貴重な風景を楽しめるのは、探検家や冒険家だけではない。航空機の乗員ならば空から眺められる。ぼくたちが飛んで行けば、希代の風景をひとりじめするかのように楽しめるのだ。

そう考えると、ムラムラと行きたくなってくるのが、ぼくの性格である。三〇〇キロメートルの距離など、小型飛行機で飛べば二時間かからない。旅客機やフェリーの予約もいらず、近くのムーラビン飛行場から飛んでいくだけで、交通費は往復の燃料代だけである。自家用飛行機のある週末の二日間の家族旅行にちょうどいい。ぼくは未知の島への操縦を楽しみ、妻と息子にめったに見られない風景を見せてやれる。貯金をはたいて自家用飛行機を買ったせいか、せっかくの自家用飛行機を使いたおしてやるぞという気持ちがぼくにはあった。飛行機を遊ばせておくのはもったいない。飛行機でしかできないような旅行をしたいじゃないか。

ただし、ぼくには大きな不安があった。タスマニア島へ飛んでいくのは、海の上を三〇〇キロメートルも単独飛行しなければならない。これが不安なのである。

大先輩のOBから勇気をもらった

ぼくのパイパー・チェロキーは、エンジンが一つしかない単発なので、それが不調になると飛行を続けることはできない。もちろんエンジンが止まったからといって、そのままストンと落ちることはなく、滑空比約一〇：一でグライディングできる。つまり高度二〇〇〇メートルを飛行中にエンジン・フェールに陥ったら、二〇キロメートルをグライダーのように飛んでいられるということだ。そしてそのグライディング中に、直線二〇〇メートル以上の平地を見つければ、何とか乗客が怪我をしない程度の不時着ができそうだ。

だからぼくはオーストラリア大陸を飛んでいる限り、単発エンジンでも、エンジン・フェールは大きな不安だとは思っていない。この大陸は、ほとんど平野で、人家が少ない。直線で二〇〇メートル以上の平地など、すぐに見つかるからである。

しかし外洋の上に不時着水するのはなあ、と深刻に考えてしまう。しかもメルボルンからタスマニア島までの海は、世界中の外洋ヨット乗りに恐れられる荒波で有名なバス海峡である。ぼくはヨットの経験で海の怖さを人一倍知っているから、噂に聞くバス海峡というだけで怖さが先にたってしまう。そのバス海峡で、万が一のエンジン・フェールが発生したときを想像すると不安にかられる。じわじわと下降すれど、陸地は見えてこない。VHF無線機で叫ぶメーデーコール（遭難信号）。海面に近づくにつれ、あらわになるバス海峡の大波。絶望感に襲われる。楽しきはずの家族旅行が地獄旅行になってしまう。

「行きたい」けど不安。「でも行きたい」と思いなおすが、やっぱり不安。この葛藤がしばらく続いた。最終的にぼくが「やってみよう」と決断したのは、ある七〇歳のパイロットの記事を読んだからである。この人はぼくが働く会社のOBで、やはり海外駐在期間中にプライベート・ライセンスを取得してスカイ・ライフを始めた。悠々自適のリタイヤ生活を楽しんでいたが、七〇歳になった記念だと言って、一九九五年に自家用セスナを置いてあったアメリカ西海岸のロングビーチを飛び立った。そしてカナダ各地をめぐり、グリーンランドを飛んでヨーロッパへ航り、今度は欧州各国をまわると、西アジア、インド、東南

メルボルンの目と鼻の先、小型飛行機なら2時間もかからず到達できるのがタスマニア島だ。ただし外洋ヨット乗りに荒波で恐れられる。海上を300kmも単独飛行しなければならない。

アジアの各国を経由して、何と日本まで飛んで帰ってきてしまった。太平洋を横断していないが世界一周のプライベート・フライトである。社内報で読んだ記事であった。この人は「難関だったのは、カナダからグリーンランドの洋上横断。氷結した海上の六時間のフライト」だと語っていた。

この記事を読んで、ぼくは文字通り勇気をもらった。先輩ありがとう！　ぼくもチャレンジします！という気持ちになった。根は単純なんだねと、ぼくは人から言われることがある。

入念なるエマージェンシー対策

タスマニア島へ航るぞと決意すると、急に冷静になってきた。不安になるのは、何も知らないからである。不安があったら、不安の一つ一つを調べて知識を増やし分析し、想像し考えて、対策を練っていけばいいのだが、それをしないから不安に苛ませられて怯えることしかできなくなる。

まず航空機航行のルールを調べた。オーストラリア本土からタスマニア島への、単発エンジン飛行機による有視界飛行は、禁じられていなかった。ただし、①乗員分のライフジャケットを積むこと。②ELT（捜索用ラジオビーコン発信機）か、E-PIRB（人工衛星探査ビーコン）を積むこと。③飛行ルートは、ビクトリア州との最短距離であり、かつ小島伝いとなる、東のフリンダース島ルートか西のキング島ルートに沿うこと。という三つの義務規定があった。

ライフジャケットについて調べると、一日五ドルのレンタルがあった。旅客機でおなじみの、紐を引っ張ると炭酸ガスのタンクが開いて膨張するヤツである。しかしレンタルは、密閉式の袋に入っていて、いざというときに袋を破って着用する方式であった。安心ということを考えれば、あらかじめ着用して準備万端で海上を飛びたいものである。安全装備をケチって、万が一のときに後悔するのも嫌なので、一個一一五ドルのを三つ買った。E-PIRBも買った。いざというとき首から下げて海に飛び込める携帯の防水型で、これは案外安く一二五ドルだった。飛行ルートは、往路をフリンダース島経由とし、復路をキング島経由とした。

フライト・スクールのジェームスに相談し、フライト・クラブにも顔を出して経験者のアドバイスを聞いた。「落ちたら、死ぬだけだよ」という人もいたけれど「まず陸地にいる間にできるだけ高く飛ぶんだ。それでもしエンジン・フェールしても、できるだけ空中でがんばれ。二〇分間がんばれば、セイル空軍基地からの救助ヘリが、お前が不時着水するところに待機していて、救助してくれる」とおしえてくれる人がいたので、とても気が楽になった。自分ひとりなら三時間くらい海に浮いている覚悟はあるが、家族をそんな目にあわせたくない。

機体の点検はいつもより入念にやった。さらに家族三人の避難訓練も実施した。不時着水をすると決めたら、機長のぼくの指示で、まず三人がシートベルトを再確認してしっかりと締める。着用しているライフジャケットのハーネスを再確認してしっかりと締め、紐を引いて膨らませ、膨らみが足らないときは、出ている空気入れパイプから息を吹き込んで膨らませる。パイパー・チェロキーのドアは左の操縦席側になく、右のパッセンジャー側にあるので、そこに座る妻が、不時着水直前にドアのロックを解除する。解除しないと着水のショックで機体が捩じれてドアが開かなくなる可能性があるからだ。着水したら、全員がシートベルトを外す。最初に妻がドアを開けて機体から脱出し、次にぼくが後席の息子を脱出させ、ぼくが最後に脱出する。

こうして万全の準備をしたつもりであったが、踏ん切りがつかない週末を二回やり過ごした。雨ではなかったが、青空が広がっていなかったので、天候の急変を心配したからである。そして一一月二二日の朝、ついに南へ向けて離陸した。蛇足だが、オーストラリアの一一月は初夏に向かう季節である。いま思い出してみると、ぼくは海が少しでも穏やかになる初夏を待っていたのかもしれない。

バス海峡横断

ムーラビン飛行場から南東の方向にあるフリンダース島をめざして飛ぶと、すぐにフィリップ島上空を通りすぎた。トレーニングで何度も飛んだフィリップ島上空だが、これから先は未知の領域である。

五〇分ほどで一三〇キロメートルを飛ぶと、眼下にウィルソンズ岬が見えた。この岬はビクトリア州では最後の秘境と呼ばれている、陸からは接近できない湖が点在する原生林地帯で、美しい海岸線と沖合いの小島がおりなす絶景がある。上空から見ても、たしかに目を奪われそうな風景が広がっていた。もっと低空で飛んでじっくりと遊覧したいと思ったりするが、でも今回はそうはいかないのである。

何せムーラビンを離陸してからここまで、非力な一五〇馬力エンジンをほぼ全開のまま上昇を続け、ようやく高度九五〇〇フィート（約二九〇〇メートル）までできた。洋上に出る前に、できる限りの高々度を維持しなくてはならない。

ウィルソンズ岬の海岸線を離れる時にＳＫＥＤレポートを開始する。これはこのエリアを管轄するメルボルン・センターへVHF無線で、一〇分ないし一五分間隔で、無事飛行中の定時連絡をするというものだ。異常事態が発生したとき、こちらから緊急コールをしなくても、その定時の連絡がなければ、何らかの異常事態が発生したとみなして、自動的に救助活動が開始される。

「メルボルン・センターへ。こちらはパイパー・チェロキー・エコー・タンゴ・インディアです。フリンダース島経由の有視界航法でタスマニアに向かっています。現在高度九五〇〇フィートで、現在位置はウィルソンズ岬の海岸線から離れるところです。すべての運行操作は正常です。次回のSKEDは四五分に報告連絡します」

これでその四五分にぼくがSKEDレポートをしなければ、「チェロキー・エコー・タンゴ・インディア、無事に飛んでますか」とアナウンス無線がメルボルン・センターから入り、それでも無回答だとすると、ただちに捜索活動が開始されるというわけだ。緊急の故障でメーデーコールもできないような事態でも、わずか一五分で異常に気づいてくれる良いシステムだと思う。だが、機体は無事でVHF無線機だけが壊れた場合は、交信だけができなくなってしまう事態となる。メルボルン・センターからの呼び掛けに応えられないと、捜索が開始されてしまうので、これは人騒がせなことになってしまうだろう。

ぼくは一五分間隔のSKEDレポートを結局三回送り、四回目はフリンダース島の直前だったのでSKEDレポートの終了をリクエストした。翌日の復路となったキング島経由でも、往復同様にSKEDによって、つねにメルボルン・センターに見守られながらの洋上飛行をした。メルボルンからタスマニア島を往復する洋上飛行は、近代的な設備とシステムに確保された航法なのである。初めて洋上を往復飛行する初心者パイロットのぼくには冒険だろうが、このルートを飛んでいる定期便のパイロットにとっては日常業務であろう。

この日のバス海峡は雲一つない晴天だった。まるで成層圏でも飛んでいるが如く、青空のなかを追い風を受けて、順調にフリンダース島へ向かった。途中、無人灯台のあるディール島上空を飛んだ。この島には滑走路があるとERSA（オーストラリアの公的な空港ガイドブック）で調べておいたが、たしかに島の中央部の草地には帯状に色が変わっている滑走路が見えて、横にウィンドソック（吹流し）も見えるから、そこに離着陸できるのだろう。この直径二キロメートルほどの島は、灯台と滑走路の他は何もない。キャンピング装備一式をもって着陸したら、無人島で一夜をすごせるのか。美しい静かな入り江も見えるから、気持ちのいいキャンプを楽しめるだろう。ぼくはディール島キャンプの企画を家族に伝えた。

フリンダース島が近づいてきた。伊豆大島の数倍大きく、人が住んでいる。上から見た限りでは住人一〇〇〇人程度の集落だと思った。ここまでで二時間弱飛んだので、着陸して休憩する。C-TAF（管制塔のない空港）なのだが、二本ある滑走路の一本は舗装され、しっかりした建物の乗客用ターミナルまである。しかし誰もいない。ターミナルのドアには鍵がかかっていたが、トイレだけは外から入れるようになっていた。定期便が離着陸するときだけ鍵を開けるのだろう。仕方がないから、ぼくらは外でお弁当のおにぎりを食べた。

フリンダース島まで飛んだので、バス海峡の四分の三は越えたことになる。ここから先は小島が点在し、それをホッピングしながら飛べるので気分が楽である。なぜならば、その小島のうち、マウントチャペル島、ケープバーレン島、プリザベーション島、クラーク島、スワン島には滑走路があるとわかっているからだ。エンジン・フェールが発生しても、不時着水をしなければならない可能性がほぼゼロになる。有人の島はクラーク島のみで、その他はすべて無人島だ。ある島はいくつものエメラルドグリーンの入り江があった。ある島は遠浅の海に囲まれている。いずれの島の滑走路も草地にあり、草を刈った未舗装の直線路があるようなものだ。長さも五〇〇メートルあれば長い方なので、小型機しか降りることができない。

こういう無人島を飛びまわりながら、海で遊んだり釣りをしたりキャンプをしたりしたら面白いだろうなという企画は、ぼくのなかで盛り上がった。でも、オーストラリアにいた三年間で、いつかやろうと思っていたのだが、ついに実現しなかった。

タスマニア島に着くと、予定どおり北側のやや内陸にあるローンセストン空港へ向かう。こう書くと、いかにもローンセストンがタスマニア島の中心都市だと思われるかもしれない。説明するのを忘れていたが、タスマニア島は、島一つがそのままタスマニア州である。州都は南側にあるホバートで、タスマニア大学があり国際空港もある、この島の大都市だ。ローンセストンは州都ホバートに次ぐ第二の都市である。タスマニア州にはその他に十数の小さな町があり、小さな町にも、観光地といえばどこにでも、飛行場があると言っていい。それは空港と呼べる規模から、吹流ししかないエアストリップまで実にいろいろだが、先ほど飛んできた無人島の飛行場などを見ればわかるように飛行場の数は驚くほど多い。

ローンセストンの町の空港へ着陸を予定していたのは、この空港で燃料補給をするためである。なだらかな丘陵の、牧歌的な風景がある、ローンセストンへ近づくと、ぼくは『VTC（有視界航法用・空港周辺地図）』と『ERSA（空港ガイドブック）』の確認に余念がない。この空港はクラスDのコントロール空港で、当時でいえば二〇〇人乗りぐらいの中型双発ジェット旅客機が就航していた。したがってきちんと管制塔の指示に従ってアプローチしなくてはならない。無線会話によるATC（航空交通管制）が苦手

なぼくは、管制塔との通話を嫌って、田舎の小さい空港ばかり訪れていたから、コントロール空港を訪れるのは訓練以来初めてなのだ。ようするにコントロール空港にＰＩＣ（Pilot in Command＝機長）として操縦し、着陸したことがない。本当は今回だって近寄りたくなかったけれど、燃料を補給できるのがここしかないから仕方がない。

こうしてアプローチのＶＨＦ周波数や手順を確認しているうちに、管制エリアに到達してしまった。ローンセストンの管制塔へ着陸したいと無線で告げる。

「Launy tower, Echo Tango India, Piper Cherokee approaching Castle junction, 4500ft, inbound for landing, request airways clearance received ATIS」

すると、有視界で真っすぐ降りて、三二番左滑走路に降りろと指示された。

「ETI, join base Runway32 left, expect visual approach, report base」

エアラインが離着陸しない暇な時間帯だったのがラッキーだったか、かくして機長のぼくは、初めてのコントロール空港への着陸をした。さすがにクラスＤの空港は、滑走路がとても広く、着陸の操縦が楽だと思った。

燃料を満タンにし三〇分ほど休憩した。燃料はいつもクルマで立ち寄るガソリンスタンドで使っているＢＰ（ブリティッシュ・ペトロール石油）のカルネ・カードを差し込むセルフサービスの給油機があったので手早く済んで便利だった。

太古を思わせる大自然

ローンセストンを飛び立ち、タスマニア島の中央部の湖水地帯に向かった。この島でいちばん大きな湖であるグレートレイクがあらわれた。森に囲まれた静かな湖だった。そこからは森というか、低い灌木がまだらに生えている地域が展開し、無数の湖があった。道らしきものが見えない。いや、実際にはトレッキングの道や四輪駆動車なら通行できるトラックがあるのだろうけど、人の気配が感じられない。

無数の湖水地帯といえば、カナディアン・ロッキーやフィンランドにイメージされる、深い森と透き通る蒼い湖を思い浮かべるかもしれないが、そのイメージとはちがっている。どのような言葉で表現すれば伝わるのか考えてしまうが、地形は平らだが岩肌がごつごつしている。そこに低灌木が、ところどころにはりつくように生えている。湖の水は濁ってはいないが、赤茶けていて鉄分が多そうだ。底が見えるほど浅い湖は、底の砂紋が見え、生き物の気配がない。美しいと言葉にすれば、たいそう美しいが、それは太古を想像させる荒涼とした美しさであった。

湖水地帯がおわると深い森になった。高い樹木がうっそうと茂って地面はほとんど見えない。視界のなかに平らな場所が見当たらない。緊急着陸できる場所がない。海の上よりここでエンジン・フェールした方がよっぽど怖い。

しばらくすると前方に山頂が二つ見えてきた。左がバーンブラフ、右がクレードルマウンテンだ。両方とも標高一五〇〇メートル程度の高い山ではないが、南緯四〇度地帯にあるため、山頂付近は樹林限界高度と同じ風景である。高山植物帯の山肌から、ぽっこりと岩の山頂を突き出している。山頂と同じ高度で、両方の山頂を時計廻りに一周した。この山域は、タスマニアでもっとも美しいと言われているだけあって、素晴らしい眺めだ。ぼくが学生時代に登った山のなかで、いちばん好きだったのが北海道のトムラウシ岳で、氷河期の名残りの荒涼とした岩山を眺めて、地球という星の素顔を見たと思い感動したものだ。その雰囲気と、ここはよく似ている気がする。

しかし地形が複雑だからか、乱気流が激しい。シートベルトをしていないと腰が浮くほどバタバタと上下に揺れる。隣のシートに座ってビデオカメラで撮影していた妻は、すでにゲンナリしている。

クレードルマウンテンから北に八キロメートルのところに、クレードルヴァレーの飛行場があるはずで、そこでコーヒーブレイクをする計画だった。早めに着陸して激しい揺れから一刻も早く解放して休ませたいのだが、こういうときに限って、なかなか見つからないのである。ようやく見つけて降りていったが、高い樹木に囲まれた短い滑走路だったので、ちょっと緊張する着陸操縦になった。

クレードルヴァレー飛行場は、クレードルマウンテンの観光道路沿いにあり、ドライブインが併設している。いや、この説明は正確ではない。ドライブインが飛行機で訪れる客のために、建屋の脇を数百メートル平らにならしている。当然アンライセンスの飛行場なので、無線でアナウンスする義務もなく、上空から見て誰もいなければ勝手に降りるだけだ。

着陸するとドライブインの横にパイパー・チェロキーを停めた。妻は翼の上へ降りたが、そのまま翼に寝転んでノビてしまった。ひどい飛行機酔いでグロッキーだ。心配だが急病や怪我ではないので休ませるしかない。ぼくはドライブインに入って、自分が飲むカプチーノ一杯と息子へアイスキャンデーを買った。チェロキーの近くでカプチーノを飲んでいると、ドライブインの家の子供がやってきて話しかけてくる。

「いい飛行機ですね。エンジンは一八〇馬力のタイプですか」といきなり専門的な質問だ。それからも「エア・スピードは何キロですか」とか「ぼくも大人になったらチェロキーを買おうと思っている」と可愛らしくも生意気なことを言った。

この子はまだ一〇歳ぐらいだったから、こういう質問を繰り出す一〇歳児が日本にいるだろうかと思った。まるで憧れのスポーツカーを語っているような調子で小型機についてしゃべっている。

いま日本でいちばん飛行場が多い都道府県は北海道の一四か所だと思うが、北海道より小さなタスマニア島は、それ以上に多い。二倍ぐらいはあるのではないか。北海道にはこのドライブインのエアストリップのような個人所有の無人飛行場がないだろう。タスマニアあたりだと小型機は少年の現実的な夢になるほど生活に密着したモビリティなのかと感心した。

三〇分ほど休むと妻はフライトを続けられるほどまで回復した。クレードルヴァレーからは、山峡の湖の町であるクイーンズタウン上空をへて、西海岸のストローンへ向かう。ストローンは静かな港町だ。サロマ湖のようにわずかに外海との接点を持つ汽水湖がある。町外れに一二〇〇メートルの舗装された滑走路があった。もちろん管制塔などない、誰もいない飛行場に勝手に着陸して、駐機場と思わしき隅の一角にチェロキーを停め、その日はこの町のモーテルに宿をとった。

これは冒険飛行だったのか

翌日は航空気象情報を手に入れることから朝が始まる。メルボルンのブリーフィング・オフィスへ電話

して、エリア七〇（タスマニア島）の気象情報を聞く。この情報提供はフリーダイヤルになっていて、飛行計画書をこちらからファクシミリで送るのも無料である。このときの気象情報によれば、本日のメルボルンまでの復路ルートはおおむね晴れだが、ストローンを含むタスマニア島の西海岸線が低い雲で覆われているそうだ。

飛行場に行くと、なるほど雲がどんよりと空を覆っている。有視界飛行条件の最低レベルの空模様だ。計画では燃料補給のために北海岸のスミストン空港まで山を越えて真っ直ぐ飛ぶつもりであったが、スミストン空港まで海岸線に沿って北上するルートを選ぶのが安全運行というものだ。

離陸後、雲底直下を海岸線に沿って北上する。雲底は見かけより低く、高度計が示す数字は七〇〇フィート（約二一三メートル）もなかった。すぐ右の陸地は山間で雲に覆われている。このまま海岸線を見ながら沿って北へ飛んでいけば問題ないだろうと判断した。

だが、そう判断した直後ぼくは、操縦をミスして雲のなかに突入してしまい、視界を失った。雲の底ぎりぎりを飛んでいたから、ちょっぴり突き出た雲を避けられなかった。思ったより厚い雲のなかで視界を失った瞬間、ヤバいと思うと同時に下降して雲から出ようと考えてしまった。しかしこの雲が地面まで続いていたら地面に激突するかもしれないと気がつく。そう思うと怖くて下降できない。高度七〇〇フィートあたりを飛んでいるのだから、視界を失ったまま下降するのは危険だ。地面が近すぎるし、大きな岩が突き出ている可能性もゼロではない。もちろん東方向の右側は山があるから絶対に避けなければならない。

ベストな危険回避の操縦は、左側つまり西方向の海側へ九〇度ターンし、そして真西に向けて最大上昇をすることだ。視界を失ってから、この決断をするまで、三秒ほどだったと記憶している。左側に九〇度ターンし、最大上昇を開始する。方角を示す計器であるコンパスとダイレクションジャイロの両方を繰り返し何度も読み取り、西方向の海上へ向かって飛んでいることを執拗に確認した。またタコメーターをチェックしてエンジンをオーバーレブさせないように細心のスロットルコントロールをした。もちろん油温や燃料の計器を確認することも怠らない。こうして計器飛行の西向き最大上昇を続けた。

すると次第に上空が明るくなり、やがてチェロキーはぽっこりと雲の上に出た。高度は二五〇〇フィート（七六二メートル）だったから、一気に一八〇〇フィート以上の上昇をしたことになる。

真っ青な空に太陽がまぶしい。妻は「わぁ！『紅の豚』のシーンみたい」と言って、宮崎駿さんの「ヒコーキ・アニメ映画」のシーンを思い出して笑顔を見せた。視界を失ってから機内に緊張が走ったのを感じて戸惑っていただろうが、こういう無邪気さがぼくをリラックスさせる。時間にしてたった四分ほどの計器飛行による上昇であったが、視界を失うというのは実に不安な気分であった。

そのまま上昇を続けていくと何のことはない、雲に覆われていたのはやはり西海岸線だけだった。西海岸線以外のタスマニア島の上空は気持ちのいい快晴が広がっていた。眼下に露天掘りのニックル鉱山など見ながら、山間の上を飛んで直線的にスミストンへ向かう。スミストンはタスマニア北西端と言っていい町で、その空港はＥＲＳＡ（空港ガイドブック）によると燃料が補給できることになっている。美しい海岸をもつ町の、舗装の滑走路は西の外れにあった。無線で呼びかけても誰も応えてくれなかったので、高度一五〇〇フィートで上空を通過しながら、吹き流しを見て風向きを確認し、向かい風となるランウェイ24に着陸する。駐機場へ向かってタキシングすると燃料タンクが見えた。だが、誰もいない。そこでＥＲＳＡに載っている電話番号にかけてみると、「ごめん、いま品切れなんだよね」と言われた。

ここまでアッケラかんと言われると、確認しないで飛んできた自分が愚かだったと思ったりする。仕方がないから、どこで燃料を入れたらいいのかと質問すると、最寄りの給油可能地はバーニー飛行場だとおしえられた。五〇キロメートルも東に戻らなくてはならない。

ここは考えものであった。昨日ローンセストン空港で満タンにしてから、ここまでの飛行時間は約三時間である。パイパー・チェロキーは満タンでほぼ六時間飛べるから、残りはあと三時間だ。メルボルンのムーラビン飛行場までの予定飛行時間は二時間三〇分ほどだから、このままでも行けないことはないという計算が成り立つ。しかしそれはあくまでも計算上の話であって、突発的な事態が発生する可能性を考えたら、やっぱり燃料補給をした方がいい。そう判断しつつもバーニー飛行場を経由すると一〇〇キロメートルほど遠まわりになるので、燃料代がもったいないと思わないでもない。被害者意識に惑わされて遠まわりの燃料代をケチりたくなっている自分が自分で可笑しかった。

結局、バーニー飛行場へ給油に行った。そこからキング島ルートでバス海峡を越え、メルボルンに帰ったわけだが、これは結果として正しい選択であった。バーニー飛行場を離陸して北西に進路をとったが、何となく地面の進み方がいつもより遅い。目標物を頼りに対地速度を計算してみると、やはり六〇ノット(時速約一一一キロメートル)しか出ていなかった。対気速度は一〇〇ノットなので、四〇ノットの向かい風の猛烈な空気抵抗をうけて進んでいたことになる。それで九〇分間でバス海峡を航るはずが、一五〇分もかかってしまった。計算してみるとスミストン飛行場からバス海峡を横断してムーラビン飛行場まで三時間一〇分かかる勘定になる。あやうく燃料切れになるところであった。この飛行ルートには、いくつかの飛行場があるので、燃料切れで墜落という最悪の事態にはならなかっただろうが、それらの飛行場には給油設備がなかった。幸いにも着陸したところで、燃料を求めて途方に暮れていたことだろう。

バス海峡の横断はまたSKEDレポートをして、ライフジャケットを着込んだが、復路なだけに気が楽である。ビクトリア州の内陸まできてムーラビン飛行場をめざして東に転針すると強い追い風になった。速度は一五〇ノットぐらいまでアップし、普段は一時間かかるところを半分ぐらいでムーラビン飛行場に帰還できた。

今回の一泊二日の飛行機旅行は、海峡の横断、コントロール空港への離着陸、未知の自然を楽しむ遊覧飛行、ひどい飛行機酔い、はからずも計器飛行などと、いいもわるいも思いもよらない変化に富んでいたが無事に帰還し、忘れられない思い出となった。

気を許すのはよくないが、オーストラリアの航空安全体制と我がパイパー・チェロキーへの信頼を、ぼくは深めた。

翌日、事務所でランチタイムの雑談に、この飛行機旅行の話をグレンにした。

「バス海峡を航ってタスマニア島めぐりをしたのか。よくまあそんな長距離を飛んだものだ」とグレンが呆れ気味に言ったので、「いやぁ、大先輩のOBの七〇歳の人がアメリカから氷結したグリーンランド洋上を航って欧州へ飛び、世界一周して日本まで飛んで帰ってきたと読んだからね」と答えた。

するとグレンはもっと呆れた顔になって「馬鹿だなぁ。そんな偉い人のセスナは、最新装備の新型機だから、安全な上にお金をかけてあって、整備も万全だぞ。しかもベテランのパイロットだろう。免許取り立ての新米パイロットのお前の三万二〇〇〇ドル（約二八〇万円）のオンボロなチェロキーとはワケがちがうぞ」と言った。ぼくは返す言葉がなかった。

大陸四分の一周
二週間の飛行機旅行

オーストラリアには、日本の五月のゴールデンウィーク連休がない。八月のお盆休暇というか夏休みもない。どちらも日本独特の長期休暇で、そもそも南半球にあるこの大陸の五月は初秋で、八月は真冬だ。この国で休暇といえば、夏のクリスマス休暇である。これが年に一度の長期休暇で、クリスマスのちょっと前から、新年をはさんで一月の下旬あたりまで休暇がとれる。多くの人びとが三〇日間ほどの、ぼくら日本人からみると夏の長い休暇をすごす。

オーストラリア駐在が始まったときから、ぼくはこのクリスマス休暇が貴重な時間になると思っていた。これほど長く四週間におよぶまとまった休暇がとれるチャンスは、日本のサラリーマンである限り、そうそうあるものではない。とりわけ飛行機を手に入れた日から、その年一九九七年（平成九年）のクリスマス休暇を狙って、二週間の飛行機旅行計画を練りに練っていた。

オーストラリアの内陸に広がる砂漠地帯と東海岸をぐるっとめぐる、大陸の四分の一を飛びまわる旅行だ。砂漠地帯には有名な世界最大の岩であるエアーズロックがあり、東海岸には日本でもよく知られたグレート・バリア・リーフがある。飛行機で二週間かけても四分の一周しかできないほどの大きさだから大陸というのだろうが、できれば三年間の駐在中に大陸のすみずみまで飛びまわり見てみたいものである。時速一八〇キロメートルで飛び続けることができる飛行機があれば、それは夢ではない。新幹線より遅いのだが、こっちは自由に空を飛びまわり、地上では見られない風景を吾がものにできる。

その年の一二月二〇日は土曜日で、この日から休暇をとり、二週間の飛行機旅行の出発日とした。九月末から三か月間をかけて、一〇〇万分の一の航空地図を机上に並べてルートを検討し、宿の予約をして、準備は万端であった。

この三か月間でパイパー・チェロキーがある生活がすっかり板についてきた。週末になると朝から夕方までムーラビン飛行場ですごし、飛ぶのはもちろん機体を掃除するのもパイパー・チェロキーのことは何もかもが心底から楽しいのだが、興奮がおさまったというのか落ち着きが出てきた。

燃料盗難事件

しかし困った事件が一つ起きていた。チェロキーから燃料が盗まれたのである。

ある週末、フライト前のプリチェックをしていたら、左翼の燃料タンクの給油口が開けられていて、キャップが翼の上に放置されているのを発見した。まさか燃料が盗まれたのかと半信半疑で給油口を覗くと、燃料タンクはからっぽである。両翼の燃料タンクはそれぞれ九五リットルの容量があるが、左翼のタンクには七五リットルほど残っていたはずである。それが一滴も残さず盗まれていた。左翼のタンクだけを狙い、犯行後はさっさと逃げてキャップを放置するという合理的といえばそうだが、かなり荒っぽい手口の盗みだ。飛行場の管理事務所へ届け出たが「過去に何回か同様の届け出をうけているが、めったにないことだ」と驚かれた。とりあえず警察へ報告しておくという返事だった。

高校生のときオートバイの燃料タンクからガソリンを盗まれたことがある。集合住宅で暮らしていたので、建物の入り口の脇にあった共同自転車置き場をオートバイの駐車場にしていた。そのときと同じ手口だろうと思った。闇夜にまぎれて盗っ人が、鍵のついていない燃料タンク・キャップをやすやすと開け、灯油を石油ストーブへ入れる手動ポンプのたぐいで燃料を抜いたと推理した。

しかし、盗まれたのは航空ガソリンのＡＶＧＡＳ１００という有鉛ガソリンである。当時の一九九七年といえども、あと四年で二一世紀になる時代だから、大昔のように有鉛ガソリンを一般のクルマが日常的につかう時代ではなく、無鉛ガソリンに切り替わっているはずだと思っていたので、盗んだ奴を突きとめるのは難しくないと考えた。だが、そう考えると、有鉛ガソリンを必要としている筆頭は飛行機乗りだから、この飛行場に駐機している奴とか着陸してきた奴が怪しいということになってしまう。この犯人推理は、この飛行場に駐機している「お隣さん」とか飛行機好き仲間を疑うのだから、あまり気持ちのいいものではないが、状況証拠としては色濃く、ありえる推理だ。

ところが翌日、事務所へ出社してグレンに燃料盗難事件について話すと「犯人はクルマ用燃料として盗んだ可能性が十分にある」とグレンは言うのである。実はオーストラリアには有鉛ハイオクを燃料にできるクルマが圧倒的に多かった。オーストラリアの人びとは、イギリス人気質を継承しているから、何事によらずモノ持ちがよく、クルマも乗り潰すまで乗るので、二〇年とか三〇年前のクルマがザラに走っている。これらのクルマは有鉛ハイオクで走れるのだ。なるほどクルマ用に盗まれた可能性も高いのである。こんなことも知らなかったのだから、オーストラリアに駐在する自動車エンジニアとしては専門外のエンジン知識ではあるが勉強不足で恥ずかしい。「チューニングしたエンジンも有鉛ガソリンを使うから、貧乏なチューニング・エンジン好きという可能性もある」とグレンは言っていた。結局、警察が熱心に捜査したのかどうかは知らないが、監視カメラが普及していない時代だったからか、犯人は捕まらなかった。

しかし、燃料タンクのキャップが開けられてガソリンが盗まれるということは、燃料タンクに何か入れられてしまう危険もあるということだ。これをやられるとエンジン故障に直結するから、何か対策をとらないと墜落事故になりかねない。燃料タンクに一握りの砂を入れられたら、まちがいなくエンジンは焼きついて壊れる。

スカイ・ショップへ行って「鍵つきのキャップがあるか」と相談すると、アメリカから取り寄せで一個八五〇ドルだそうである。燃料タンクは左右の翼に一個づつだから、鍵つきキャップは二個必要で、合計一三万六〇〇〇円だ。スカイ・ショップのオーナーは「たしかに鍵つきキャップは値段が高い。一〇回ぐらい盗まれないと元はとれない」と苦笑いした。これは考えものの値段だとぼくは思い、駐機場の飛行機を見てまわると、鍵つきキャップを装着している機体はごく稀で、絶対に必要な部品というわけではないのかもしれないと迷い始めた。

とりあえずの対策は、駐機場の場所を変更することで、五〇メートルほど北側へ、パイパー・チェロキーを移動させた。いままでは上翼のセスナに囲まれていたから、下翼のチェロキーは燃料が盗みやすいと犯人が考えたかもしれないので、下翼の機体が何機かいる場所を選んだ。この駐機場所変更以後、一度も燃料盗難にあわなかったから、結果的に十分に効果のある防犯対策になった。飛行機にまつわる唯一の嫌な事件であった。

さあ飛行機旅行へ出発だ

クリスマス休暇をつかった二週間の飛行機旅行の出発日は一二月二〇日であった。

出発時間は午前中の早い時間にしようと思っていたが、昼近くになってしまった。長期休暇の家族旅行だから急ぐ旅でもないので、昼にムーラビン飛行場を飛び立てば時間的に問題ないのだが、ぼくに迷いごとがあったのでグズグズとしていて昼になってしまったのである。

一週間前から世界一周ヨット・レースのウィットブレッド・ヨット・レースがスタートしていた。ヨット乗りの端くれとしては時間があればインターネットのレース中継に夢中になった。なにしろ四年に一度しか開催されない憧れのレースだ。世界一過酷なヨット・レースと表現するメディアもある。

そのレースを激しく争う艇団が、この一二月二〇日の午前中にメルボルンの沖合であるバス海峡を通過する展開になりそうだったのだ。できることなら空から観戦してみたいとぼくは願った。早い時間に家族旅行をスタートし、ちょっとバス海峡へ寄り道すれば、空からの観戦が可能だろうと思ってわくわくしていたのだ。ところがレースの艇団は強烈な向かい風をうけてスピードが落ちてしまい、二〇日午前中にバス海峡を通過できなくなった。そのことが判明して観戦を断念するまで、インターネットで情報収集していたから、ついつい出発時間が遅くなってしまったのである。まあ、休暇の最中なので、このぐらいの自分勝手はありだろう。

さて、二週間の家族旅行へ出発だ。旅行前半は内陸の砂漠地帯を飛びまわり、後半はたっぷりと東海岸を楽しむ飛行機旅行である。

ムーラビン飛行場から飛び立ち、針路を北にとった。大変に大雑把な言い方になるが、数日後にはエアーズロックに着く方向へ、大陸内部へと飛んでいくのであった。

ムーラビン飛行場から直線的に大陸内部へ向かうと、メルボルン国際空港の管制エリアを通過することになるので、これは無線連絡だ何だと連絡と許可が面倒になるので、この管制エリアを避けて飛ぶ。この管制エリアを避けるのは小型飛行機パイロットにとっては常識で、このルートは「イースタンVFR（有視界航法）ルート」という通称で呼ばれていた。メルボルンの北はすぐにオーストラリア南東部の大分水嶺山脈（グレート・ディバイディング）の東の端になるので、高い山はないけれど山脈を越えて飛ぶ。といってもキルモアという町へ向かうルートで飛ぶと、そこは大分水嶺山脈の端っこの鞍部なので、高度を上げないで山脈を超えられる。このルートも通称で「キルモアギャップ」と呼ばれている。

メルボルンの人びとは北の山脈や平原や砂漠を、ひと言でアウトバックと呼ぶ。いったい、どこからどこまでがアウトバックなのかは、たぶん正確な定義があるのだろうが、それはついにわからなかった。とにかく北の大自然は、内陸を越えて大陸の北の端、赤道近くのアラフラ海あたりまでずっと、細かいことにこだわらずアウトバックと呼んでいるような、まさに大陸気質満々の人びとの言葉であった。

大分水嶺山脈を越えるとオーストラリア大陸の内陸部だが、基本的に真っ平らである。そのどこまでいっても真っ平らな大陸内部は、いきなり赤茶色の砂漠地帯になるわけではなく、まだ牧場や耕地が続く大地である。ベンディゴとかウィチプローフといった農耕地帯の町の上空を飛んでいったが、それらの町は数千人が住んでいる規模であった。

そしてミルデュラという町の空港をめざした。給油のためである。この町の空港に管制塔はないけれど、二〇人乗り程度の小型定期便が就航している。給油のサービスがあることは空港ガイドブックで調べておいた。一日に何度か、休憩をかねて給油のために着陸するのは、燃費をかせぎたいからである。左右の翼の燃料タンク容量はそれぞれ九五リットルだから、それ一つを満タンにすると七〇キログラム近くの重さになる。これは大人ひとりぶん重くなるので、それだけ燃費がわるくなる。だからなるべく燃料を少なく搭載して軽い機体で、給油しながら飛んでいくと、燃費をかせぐことができるという作戦を実行していた。

ミルデュラの町は、タスマン海のシドニーからインド洋のアデレードまで流れる大河のマレーリバー沿いにある。ここまでがメルボルンを州都とするビクトリア州で、この町から北東はシドニーを州都とするニューサウスウェールズ州だ。このあたりのマレーリバーは平野を流れる大河なので、水は泥水で、くねくねと蛇行している。たまに三日月湖が見えるので、洪水などで流れが大きく変化するのだろう。日本の河川はほとんどすべて治水工事がほどこされているので、このような大自然そのままの大河を見ると、あらためて自然の脅威を感じ、かつまた感動する。

高度六五〇〇フィート（約一九八一メートル）で巡航してきたので、徐々に高度を下げて着陸の準備に入る。気流がわるいので機体がガタガタと揺れた。おまけに小さな竜巻がいくつか視界のなかで砂煙をあげて渦巻いている。高さ三〇〇メートルほどの竜巻なので、注意して避ければ着陸可能だ。ミルデュラ空港はMBZ（Mandatoly Broadcast Zone）なので離着陸にVHFのアナウンスが義務づけられている。空港上空を一度オーバーフライしてぐるっと一周旋回し、竜巻が近くにないことを確認し、ランウェイ27に着陸した。

定期便が離陸する直前だったので、ターミナルの売店が営業していた。冷たい飲み物を人間に補給し、チェロキーには自動給油機で六〇リッターだけ給油する。このちょびちょび給油して燃費をかせぐ作戦は、実は失策であることが翌日に判明してしまう。自分の小賢しさを自分で笑うはめになった。

愛機エコー・タンゴ・インディアのプロペラを点検する。点検をサボったり怠ったりしてはならない。入念な点検作業こそ航空機の安全運行の第一歩である。

エアストリップの一つ、コラック飛行場の定礎というか表札。こういう看板とウィンドソックスがあるだけで建物も人もいない。たいてい使用料を放り込む空き缶が置いてある。

低燃費作戦の失敗

ミルデュラを飛び立つと、第一日目の目的地であるブロークンヒルへ向かって、さらに北北西へどんどん飛ぶ。道標はブロークンヒルへ続く、未舗装の直線的な一本道である。

この道をたどって飛ぶのが楽しみだった。実は、この道は何度かクルマで走っている。この地域でオーストラリアにおける全輪駆動のクルマの実態調査を何度かやっていたからだ。そういう道だったので、地上を走って眺めた風景と、空から眺める風景が、どのようにちがうのか見くらべてみたかったのである。

クルマでこの道を走ると、地平線まで続く未舗装路で、乾燥した低灌木の風景が延々と続き、いつまでたっても変わらない。変化に乏しいというイメージだった。ところが空から見ると、道路の周辺には干からびた沼地や洪水で流された跡が転々と存在しており、変化のある興味深い風景なのである。地形というのは、太陽と水の影響によって、つまり自然によって形成されているという、当たり前の自然原理を再確認させせられた。

やがて赤茶けた平原の中に、ブロークンヒルの町がぽつんと出現する。南から舗装のハイウェイが真っ直ぐに町へ続いていることは、ここがかつて栄えた町であることを思わせるが、夕陽に浮かんだ町のシルエットは寂しげで、とても一万五〇〇〇人ほどの人びとが生活している町には見えなかった。

ブロークンヒルは有名な炭坑町であったが、一九五〇年代をピークにして、人口は半減したとガイドブックで読んだ。シドニーを州都とするニューサウスウェールズ州に属するが、地理的にはシドニーより南オーストラリアの州都であるアデレードに近く、南オーストラリア州時間を採用している。メルボルンと三〇分の時差がある。

ここの空港はC‐TAF（認定空港だが無線機連絡せずに離着陸できる小規模空港）に属し、滑走路が舗装と未舗装の二本があり、メルボルンからの定期便もある。風向きの関係で、未舗装の方の滑走路ランウェイ32に着陸した。

夜の七時だというのに外気は摂氏三五度だった。ひどく暑い夜なのだが、湿度がないので汗をかいても乾いてしまうのか、べっとりとした暑さを感じない。風は熱風で、ただ暑いだけなのである。燃料を補給しようと自動給油機を探したが、見当たらない。ただし駐機場の隅っこに、AV‐GASとボディに大きく書いてあるタンクローリーが停まっている。しかし誰もいない。空港ガイドブックで調べた燃料会社へ電話をすると、明日朝九時から給油できるという。電話でタクシーを呼び、予約してあったモーテルへ行った。この夜はモーテルのプールで子供と泳いだり遊んだりして涼んだ。こんな砂漠みたいな土地のモーテルにも必ずプールがあり、庭ではスプリンクラーが水をまいている。初日で疲れたのか、ぐっすりと眠ることができた。

翌朝は時差を間違えないように九時前に空港へ行ったが、九時になっても燃料会社の係員があらわれない。朝の定期便のためにターミナルがオープンしたので、コーヒーとサンドイッチの朝食をとりながら、係員がやってくるのを待つ。結局一〇時近くになって「遅れてすまんすまん」と言いながら係員がやってきて給油ができた。しかし、日曜日のコールアウト（呼び出し）ということで、燃料代とは別に二〇ドルの特別な手数料が余計にチャージされた。こんなことになるのなら、昨日ミルデュラで満タンにしておけばよかったのである。

さて、この空港を出発するにあたって、持ってきた一五リットルのポリタンクに水道水を満たした。メルボルンから積んできた何本かのミネラルウォーターのペットボトル、そしてビスケットやクッキーといった携帯食料や応急医療品もチェックする。言わずもがな、万が一の事故で砂漠に不時着したときの準備である。ここから先の内陸部は電話をすればパトロールカーや救急車が飛んでくるような場所ではない。不時着した場所にもよるが、摂氏四〇度以上の灼熱の荒野の真ん中で、何時間か救出を待つ可能性は少なくない。いや何時間かでは済まず、何日間か待つことすらありうる。砂漠の夜は気温が下がってとても寒いので毛布も携帯している。これらは命をつなぐ大切な水と食料と装備なので、しっかりと確認しておかなければならないのだった。

雲一つない快晴の空へむかって、ランウェイ05でブロークンヒルを飛び立った。第二日目の今日は、フリンダース山脈を越えて、クーバーペディの町をめざす。機首を北北西に向けた。

海面下六メートルを飛ぶ

オーストラリア全土の地図を広げると、大陸中心部の南側に大きな湖らしき表示を、いくつか発見できる。しかしその地図がカラーであっても、それらの湖は水色ではなく白色で印刷されている。白い湖は、淡水湖ではなく塩水湖で、しかも乾季には完全に乾いてしまい、塩の砂漠みたいになっているから、白色なのであろう。

乾く塩水湖のなかでも最大の面積を持つのが、これから向かうレイク・エアであるが、そもそもこの湖はオーストラリア大陸で最も大きいのだ。日本最大の琵琶湖のおよそ一四・五倍の大きさである。この大陸のスケールのちがいには驚かされるばかりだ。

高くても一二〇〇メートル級の岩山というフリンダース山脈を越えていくと、すぐに小さな塩水湖が見えた。レイク・フロームである。小さいといっても四〇キロメートル×八五キロメートルもある。その湖面が、ほぼ真っ白な塩になっている様は壮観だった。

フリンダース山脈は、カナディアン・ロッキーやカリフォルニアのヨセミテにイメージされる白い絶壁ではなく、焼き菓子のマドレーヌのように、赤い岩の地層が曲がりくねり、そしてうねって延々と続いている。ここに森林が形成されないのは、その乾燥した気候のみならず、大地そのものが森林になることを拒んでいるからではないか。人類は自己が存続するために山脈に森林を期待してしまうのだが、そうではない地球自然のありようを、この大陸の山脈はその存在であらわしている。これは地球という生きている星の、一つの表情だとぼくは思う。大陸の東側にある湿気の日本からみると、地球の土地はその大半が乾燥しているものだ。荒涼とした赤い岩山が続くのは、日本の侘び寂びに通じる美しさを感じる。

岩の地層帯の高度が徐々に低くなり、ふたたび彼方が平原の様相を見せはじめた頃に、レイクリークの町に着いた。見渡す限り何もない平原のなかに数百軒の人家が寄り集まっただけの町だ。町の区画の上空を旋回しながら、C‐TAFのアナウンスをして、舗装のランウェイ20に降りる。

摂氏四〇度の熱風が吹いていた。誰もいないが、滑走路の脇にプレハブ小屋があって扇風機が回っていたので、そこでビスケットなど食べる。一〇分ほどしたらクルマの音がして燃料タンク車がきた。昨日電話連絡をして、お昼に着くから、と言っておいたので、C‐TAFのアナウンスを聞いたか、町の上空旋回時の爆音を聞いたかで、到着を知ったのだろう。

燃料満タンで再び離陸し、レイク・エアへ向かう。しばらくすると前方に、水平線いっぱいに広がる白い湖面が視認できた。徐々に高度を下げる。地表近くは暑いので高度四五〇〇フィート（約一三七二メートル）を維持してきた。二五〇〇フィート以下になると、さすがに暑い。ベンチレーターから熱風が入ってくる。さらに高度を下げる。

実は条件が許すなら塩の湖面に着陸するつもりでいた。そして全地平線が真っ白の塩の上で、飛行機とぼくたち以外は三六〇度何もない、パノラマ写真を撮りたかったのだ。

しかし残念なことに、ここしばらく毎年繰り返している北部の集中豪雨の影響で、このあたりの塩水湖は完全に乾燥していないそうだ。湖面の塩は水分をふくんでいて、場所によっては溶けた雪道みたいに、ざくざくの塩になっていると新聞で読んだ。その記事は、レイク・エアに着陸してしまったヒスナ172が、ざくざくの塩に車輪をとられ、スタックして離陸不能になった事故を報道していた。数日がかりで救出されたパイロットの写真も掲載されていたが、強烈な直射日光の照り返しで真っ黒に日焼けして、髭ぼうぼうでガリガリに痩せ、脱水症状で倒れる寸前の姿だった。

したがって着陸するのは諦めざるをえないが、一〇〇メートルまで高度を下げた。真っ白な湖面は、乾いて硬そうに見えるが、直径一メートルから十数メートルのクレーターが点在し、意外にも平らではない。

さらに湖面上高度一〇メートルまで下げた。

ついに高度計はマイナスを示した（！）。レイク・エアの湖面が海抜マイナス一六メートルにあると知ったとき、この湖面を高度一〇メートルで飛んでやれと思った。そうすれば海面より六メートルも下を飛ぶことになる。これをやってみたかったのだ。

こんな風景を見たことがなかった。三六〇度見わたすかぎり、塩の地平線なのである。真っ白な塩以外に何も見えない。その状態で約一五分、四〇キロメートルを飛び続けた。

この奇妙な風景のなかを飛んでいることが、ぼくは面白くなってしまい、もっと飛んでいたかったのだが、気がつくと機内温度がどんどん上がってきてサウナ状態になって蒸し暑いにもほどがある。汗を吹き出し息苦しくなった妻と息子が口をそろえて「もういいからさっさと上昇してくれ」とシュプレヒコールをするので、脱水症状を避けるためにも、しぶしぶ上昇した。レイク・エアの上空で三六〇度旋回し、西のクーバーペディへ向かう。

このオーストラリア最大の湖の南西端のベルトベイ上空を通過するとき、白い塩湖ではない湖のもう一つの姿を見ることができた。その水が赤い。錆の色ではなく、血の色でもない。ワインレッドでもない。それらの色が複雑に混じったような、金属イオンをふくんだような、ぼくの言葉では表現できない、奥深い赤い色をしている。しかもこの赤い水は透明度が抜群に高い。目測では水深は三〇センチメートルないようだ。この赤い水を透して湖底の砂紋が一方向に流れている様をはっきりと見ることができた。神秘的としか言いようのない赤い湖を見た。

洞窟ホテルのレストラン

クーバーペディまでレイク・エアからほぼ西に約二三〇キロメートルである。一時間ちょっとで到着した。クーバーペディは、この大陸を南北に横断するスチュワート・ハイウェイ沿いの、オーストラリアでは有名な町だが、宝石好きの人たちの間では世界的に有名な町であるはずだ。

なぜ、荒野のアウトバックの小さな町が、宝石好きに有名なのかといえば、ここはオパールの町だからである。全世界のオパールの約九〇パーセントがオーストラリアで採れ、さらにその大半がクーバーペディで採掘される。オパールはダイヤモンドみたいに石全体が輝くのではなく、石のなかにつまっている、さまざまな色の石がきらきらと輝く、上品で魅惑的な宝石だ。

メルボルンからクルマで陸路を北上し、荒野を突っ切るスチュアート・ハイウェイ沿いのこの町にくると、オパール鉱山を掘って出た残土を小さなピラミッド形に積みあげた盛り土があちこちで目につく。オパール採りは、まず地面からまっすぐ垂直に数十メートルも縦穴を掘っていき、鉱脈を発見するとまた数十メートルも地下の横穴を掘り進む。そしてオパールの原石を採集すると、今後はその場から地上へ向かってまっすぐ掘り上がっていく。一度の採掘で二つの縦穴と一つの横穴ができる。その残土を地上にピラミッドのように盛るのである。

したがってピラミッドみたいな土盛りがある地帯は、深い縦穴がたくさんあって、不注意に近づくと、穴に落ちる危険がある。穴に蓋などしていない。よってこのエリアでは「縦穴に注意」みたいな看板がたくさん立っている。この町の周辺数十キロメートルに渡って、小さなピラミッド形の盛り土が無数に点在し、「縦穴に注意」の看板が乱立している風景は異様である。

穴だらけの町というクーバーペディのイメージは、オパール鉱山だけにとどまらない。穴というか地中を住居にして生活をしている人たちが多い。この内陸の荒野にぽつんとある町の季節が極端に変化するからだ。夏は日中気温が摂氏五〇度を超えることが珍しくなく、冬の夜は氷点下の日が続く。そのような暑さと寒さが襲ってくる町で、洞穴住居は夏は涼しく冬は暖かい最良の生活ができる住処である。洞穴住居というと石器時代の住いだと思うだろうが、中世あたりまで世界中に洞穴住宅があったと読んだことがある。

この一帯の地場産業の集積地であるクーバーペディは商人たちが集まる町でもある。そのために観光客が少ない小さな町なのにモーテルやホテルが多い。その宿泊施設のホテルのいくつかは洞穴ホテルを売り物にしている。そのなかでもぼくのお気に入りはデザート・ケイブ・ホテルだ。文字通り「砂漠の洞穴のホテル」である。

都会にある近代的なホテルと同じ設備をもつホテルだが、客室の半分が洞穴にある。この一帯は、自動車の使われ方調査で何度か訪れているが、最初は興味半分でデザート・ケイブに泊まった。快適なホテルなのだが、何といってもレストランがいい。肉料理中心のレストランで、牛や豚や羊や鳥の肉料理のみならず、特産のカンガルーやワニの肉料理まであり、何を食べても感動的に旨い。オーストラリア産のワインも旨い。まあ、料理の旨い不味いは人によるので、これはぼく個人の評価にすぎないが、オーストラリアに駐在した三年間で行ったレストランのなかでナンバーワンだと思う。これほどまでに上質なレストランが、なぜ荒野のど真ん中の小さな町のホテルにあるのかと、疑問になるほどである。

そのような最高にお気に入りのレストランへ、妻と息子をつれて行きたいと思っていた。このホテルはＶＨＦエアバンドの無線機をそなえているから、着陸二〇分ほど前に上空から連絡しておくと、滑走路まで迎えのクルマを出してくれる。

珍しい洞穴ホテルの宿泊を妻と息子は喜んだ。この日もまたプールで遊び、レストランで旨い料理とワインを堪能する至福の食事をいただき、すっかりリラックスして、ぐっすりと眠ることができた。目先の仕事のことを考えないでいい休暇の夜は、本当によく寝られる。

スチュワート・ハイウェイ

クーバーペディの朝は爽やかだった。雲一つない素晴らしい青空が地平線から地平線まで広がっている。摂氏二〇度の南東の風が、やわらかく頬を撫でる。

ランウェイ14を離陸すると、高度一〇〇メートルまで、あわい靄が実にうっすらとあった。夜のうちに冷えた湿度の高い空気が地表へと降りてきて靄になったのだ。靄を抜けたとき、成層圏を飛び出すのはこういう感覚かと思った。さらに上昇しながら左に旋回する。眼下には大陸を縦断するスチュワート・ハイウェイが見えてきた。その荒野の一本道に沿って、北北西へ針路をとる。

三六〇度の視界に荒野が広がっている。その朝の大気は完全に安定していた。毎分二四〇〇回転でまわるパイパー・チェロキーのライカミング水平対向四気筒エンジンの振動がブルブルと機体に伝わるだけで、その他の揺れがまったくない。機体はぴたりと静止しているかのようだ。この回転数でエンジンがまわっているときに、機体が静止していることはありえないので、朝から神秘的な感覚を体験しているようだ。やがて日が昇るとともに、空気が熱せられ、大気が乱れて、たとえば竜巻が発生し機体を激しく揺らす。それまでは静止したかのように時速一八〇キロメートルで飛ぶ機体の飛行感覚を楽しもう。

スチュアート・ハイウェイは、オーストラリア大陸南岸のポートオーガスタから北岸のダーウィンまで、大陸を南北に縦断する。総距離三〇〇〇キロメートルにおよぶ一大ハイウェイだ。全線舗装されている。いや、この大陸の中央部分にある道は、いくつかの町のなかの道をのぞけば、舗装路がほとんどない。ハイウェイといっても片側一車線ずつの対面二車線である。スプレーシールと呼ばれる粗粒子の簡易舗装路で、中央分離帯も路肩のガードレールもない。

ぼくはスチュワート・ハイウェイの南半分だけ一五〇〇キロメートルほどを、クルマで走ったことが何度かあった。砂漠地帯における人とクルマの生活調査のためである。最初に走ったときは、この荒野の一本道のスケールの大きさに恐れ入った。荒野の一本道という言葉は知っていたが、それがどのような道なのか知る由もなかったからだ。隣町まで二〇〇キロメートルあるのは当たり前で、町を出ると延々と砂漠地帯が続き、その二〇〇キロメートルがずっと直線であったりする。たまに未舗装の横道があったり、ゆるくカーブしていたりするが、直進走行を維持するハンドル操作しか必要ない。途中にあるのは小さな町ばかりなので信号がない。したがって一〇〇〇キロメートルほど信号が一つもない、ということがあった。

三〇〇〇キロメートルといえば、日本の北海道の北端である宗谷岬から、南端の鹿児島の佐多岬までの高速道路および青函フェリーの距離に相当する。その三〇〇〇キロメートルが、ほとんどが砂漠と平原である。砂漠と平原と聞くと、近代人は「何もない」と思うだろう。だがそれは誤解だ。この砂漠と平原の道を走ると、野生のカンガルーやラクダがいたり、放牧された牛がいて、先住民の集落がありアボリジナル・ピープルやストックマン(カウボーイ)と出会う。砂漠と平原には、多くの昆虫、さまざまな動物、無数の植物がうごめいている。ぼくはこういう道をクルマで走ったことがなかった。外洋をゆくヨットみたいなものである。

さらにいえば、他のクルマの姿を見ない。対向車もこない。半日走り続けて、ようやく一台のロード・トレインを追い越すぐらいだ。ロード・トレインは文字通り「道路の列車」で、二両ないし三両連結の大型トレーラー・トラックだ。長いのになると全長は五五メートルにもおよぶ。映画『クロコダイル・ダンディー』の冒頭のシーンで、ダンディたちが夜な夜なたむろするパブの前を通過する巨大なトラックがこれである。オーストラリアの平らで直線路が長いハイウェイを長距離輸送するために、この連結トレーラーが生まれた。ロード・トレインを追い越す時、後ろに小さくぶら下がっている「ROAD TRAIN」のプレートを見逃すと、横に並んで初めてその長さにびっくりすることになる。慌てる必要はない。ロード・トレインが走っている道は対向車などめったにくるものではない。ロード・トレインは町中の交差点を曲がることができないので、町の入り口で一台ずつトレーラーをバラして目的地まで運ばれる。

そのようなスチュワート・ハイウェイに沿って飛ぶパイロットは精神的に楽である。いざというとき不時着する場所に困らず、何といってもこの道沿いは人間の臭いがする。しかし二三〇キロメートルばかり飛んだところで、スチュワート・ハイウェイを離れ、西北西へと機首を向けた。この日の目的地はエアーズロック（ウルル）なので、ここらあたりで直線的に西北西へ向かった方が近道なのである。

アウトバックの砂漠のエアストリップ。何もないように見える広大な赤茶色の砂漠のなかに滑走路がある。飛行場というより基本的に緊急時の不時着用である。

飛行機旅行の翌年に「エアーズロック」に登った時のもの。強風に備えて息子には山用ハーネスを装着させたが、無事登頂すると周囲の観光客から拍手をもらい、ご機嫌だった。

エアーズロック（ウルル）

やがて眼下にエルナベラという町が見えてきた。この飛行ルートにある唯一の町だ。航空地図に飛行場のマークが出ていた。

この町は一二〇〇メートル級の山々が連なる山脈の東端に位置しており、空から見ると岩山の間に十数軒の人家が寄り集まっている。町外れに未舗装の滑走路が見えた。渋い雰囲気のする町と飛行場であろう。好奇心がむくむくと湧いてくる。着陸してしばし休憩することにした。滑走路は05／23の一本である。吹き流しを見るとクロスウィンドなので、アプローチが楽そうなランウェイ23に降りることにした。C－TAFのアナウンスをして着陸する。この滑走路にはめったに飛行機がやってこないらしく、滑走路の真ん中あたりまでサボテンのような種類の低潅木が生えていた。それらを避けて斜めに着陸した。

駐機場というか脇の空き地にパイパー・チェロキーを停めてコーラなど飲んでいると、どこからか二〇年以上昔のモデルだと思われる古いランドローバーがやってきて、近くに停まった。ランドローバーはイギリス製ブランドの全輪駆動車だ。そのクルマから、ひとりの男が降りてきた。白人なんだろうが日焼けと汚れで人種がわからないくらいに黒くなった大男だった。ボロボロのジーンズパンツを履いているが、それは最低三週間は洗濯していないような風格が漂っていた。

人懐かしそうに話しかけてくる。聞くと彼は、このあたりで野生の馬やラクダ、山羊やドンキー（ロバ）を捕まえては売り飛ばす仕事をしていて、つい先週三〇頭あまりの野生馬を捕まえるのに成功したので、これからアデレードまで運ぶつもりなのだそうだ。ぼくのチェロキーが降りてくるのを見て、誰だろうと思って寄ってきたらしい。一〇分ほど話して去っていったが、この地には本物のクロコダイル・ダンディーみたいなストックマンがごろごろいるようだ。

この町からこの日の目的地であるエアーズロックまで、もうひとっ飛びであるが、その前にマウント・コナーに立ち寄ることを、ぼくは考えていた。というのはエアーズロックの周辺は、厳しく航空管制されていて自由に飛びまわることができないからだ。さすがに世界的観光地なので、定期の旅客機やらチャーター便、さらには観光飛行が多くて、空が混雑しているからである。観光地といえば道が混雑するところではあるが、ことエアーズロックについては、何台も観光バスやクルマがやってきても渋滞などということは起こらないが、空の交通整理をしないと航空機事故が起きかねないというわけだ。

マウント・コナーはエルナベラ飛行場の北北西八〇キロメートルに位置する。標高八〇〇メートルほどの赤茶色の岩山で、エアーズロックと高さと姿形が似ているので、よく間違えられるそうである。いわゆる残丘と呼ばれる岩山で、硬い岩盤が断層運動や浸食にあっても残って平原にによっきと突き出した岩山になったというものである。

その岩山に到着すると、ぼくは頂上すれすれを真っ直ぐ通過した直後に、垂直の絶壁に沿って右回りに急降下した。ジェットコースターの最初の頂上からこれからいくぞという瞬間の胸がすくというか、すぅっとする感じが味わえて楽しかった。

エアーズロックへ向かってコナーから八五キロメートルほど西北西へ飛ぶ。エアーズロック空港の三二キロメートル（約二〇マイル）手前から、ＭＢＺ（周辺の自己管制エリア）が始まるので気を抜けない。エアーズロックとセットになるマウント・オルガ山群の観光エリアの空は、遊覧飛行の小型飛行機やエアラインの定期便で航空機混雑地帯なので、プライベート飛行機も定められた遊覧飛行ルートにしたがって飛ばなければならない。ちなみにエアーズロックはウルル、マウント・オルガはカタ・ジュタと、先住民のアボリジナル・ピープルの言葉で呼ぶようになってきたが、これはひと昔もふた昔も前の話だから当時の呼び方のままで書いていきたいと思う。

いったんエアーズロック空港へ着陸しようと考えたが、妻も息子もトイレ休憩は必要ないというので、そのまま空港上空を通過して、マウント・オルガとエアーズロックの遊覧飛行ルートにのった。その定められたルートとは、エアーズロック空港からマウント・オルガへ高度四〇〇〇フィート（約一二二〇メートル）で向かい、マウント・オルガの山群に到達したら、その山群に沿って右側に旋回する　山群の端で左Uターンしながら四五〇〇フィート（約一三七二メートル）まで上昇し、エアーズロックに向かう。エアーズロックでは左壁に沿って遊覧し、端で左Uターンしつつ四〇〇〇フィートに高度を落として空港上空へ戻る、というものである。

つい三か月ほど前までは、エアーズロックの上空を通過してからUターンするのが、定められた遊覧飛行ルートだったが、もはやそれは許されていない。アボリジナル・ピープルはエアーズロックを信仰の対象として崇めており、観光客の登山禁止を求めている。遊覧飛行ルートも、先住民の意志をくんでルート変更したのだろう（二〇一九年に観光客の登山が禁止された）。

それぞれのエリアへの突入時と離脱時に、ＶＨＦでアナウンスする義務がある。ぼくが空港上空通過時に「いまからダイレクトで遊覧飛行ルートに入る」とアナウンスしたら「いま×××は、どこそこ」「いま〇〇〇、どこそこ」と五機が一斉に通知連絡してきた。五機すべてが遊覧飛行の地元パイロットたちだった。しかし、彼らが通知してきたエリアはわかるのだが、そのエリアに目を凝らしてみても何も見えない。大空では小型機などハエのようなものだ。遠くにいると小さくて見えやしない。その後も地元パイロットたちの無線が飛び交う。これがまた聞きとりにくく、何を言っているのかわかりにくい。コントロール空港でのATCは、決められた用語で決められた順番に通知するのでわかりやすいが、こういうところの地元パイロットは仲間うちの日常会話のようなノリで話しているので、実に聞きとりにくいのである。

この遊覧飛行ルートは、ものの一時間たらずで、マウント・オルガとエアーズロックの両方を見られるのは素晴らしいが、やはり自由に飛べないのはモノたりない。山頂が二八〇〇フィートしかないのに、飛行する高度が四〇〇〇フィート維持を強いられるのには、かなりフラストレーションが溜まる。もっと至近距離を飛びたいとの思いがつのる。

マウント・オルガのカタ・ジュタという意味は「たくさんのツルツル頭」だそうだ。たしかに禿頭に見えなくもない、こんもりとした岩山が、いくつも連なっている。またの名を「風の谷」といい、映画『風の谷のナウシカ』のイメージを創作するときのサンプルになったという話も聞いた。あのアニメーション映画で描かれる世界と雰囲気が似ている気がする。

エアーズロックは言わずと知れた世界最大級の一枚岩である。地上高三〇〇メートルの大岩が、砂漠というか平原というか、だだっ広い土地にどかんと存在する。見る者をして、なぜここに、こんな大きな一枚岩があるのだと考えさせる神秘的な迫力は十分にあり、アボリジナル・ピープルならずとも信仰の対象にしたくなるのはうなずける。日本にも山岳信仰があり、ぼくも山登りを愛好する者として、その信仰の気持ちを深く理解するのでなおさらである。観光地としてエアーズロックが世界的に有名になったのは一九七〇年代で、近くでキャンプをしていた家族の赤ちゃんがディンゴ（豪州内陸の野犬）にさらわれる事件があって、その報道でエアーズロックの存在が世界に広まったという。

ふと後席の息子を見ると、眠っていた。「ほら隼也！　エアーズロックだよ！」と声をかけると、ちらっと薄目を開けただけで、また眠ってしまった。世界の秘境を自家用機で訪れて、これは得難い凄い経験だと興奮しているのは当の本人だけの自己満足で、四歳の息子には迷惑な話かもしれない。息子に、こういう経験させてやりたい、と思ったぼくの気持ちがわかってもらえるまで、あと数十年はかかるのだろう。それはそういうものなので、眠っていようがいまいが、これはこれでいいとぼくは思っている。

エアーズロック空港のランウェイ13へ着陸する。途中、本日の宿であるエアーズロック・リゾートの近くを通過した。このリゾートのあたりはレッドセンターと呼ばれているエリアだ。観光客がオーストラリアの歴史や自然などを学んで楽しめ、しかも自然破壊がないように配慮されたエリアである。

この空港にもＢＰ石油とシェル石油の自動給油機があったので燃料を満タンにし、駐機場にタキシングして機体を地面のフックに縛りつける。竜巻で機体がひっくり返されない用心のためである。

エアーズロック空港は世界中からやってきた観光客でごった返している。たくさんの日本人の姿も見えて気持ちが和む。よく、「海外に行ってまで日本人と会いたくない」と有名な観光地を嫌う人がいるが、毎日、狭い機内で家族三人で飛行し、地上に降りればクロコダイル・ダンディーみたいなのとばっかり渡り合っている身には、逆に日本語が嬉しい。

空港からはほかの観光客と一緒に無料送迎シャトルでレッドセンターへ。この頃になると息子の毎日の楽しみはホテル到着後のプール遊びであり、この日の午後もリゾートのプールで涼んだ。

太古の地球の素顔

一二月二三日、旅行四日目の行程は短い。陸路でも四五〇キロメートルしかないアリス・スプリングスまで飛ぶ。ちなみにエアーズロックからアリス・スプリングスまでクルマで走ると、途中の曲がり角はT字路が一つあるだけだ。ずっーと二〇〇キロメートルほど真っ直ぐ走って、T字路で左に曲がり、またずーっと二五〇キロメートルほど真っ直ぐ走るとアリス・スプリングスに到着する。もちろん、ぼくらは、飛行機でしか楽しめない遊覧ルートを選んだ。

昨日着陸したランウェイ13で離陸せよと管制塔が指示した。滑走路端までタキシングして上空を眺めて確認すると、カンタス航空の定期便が着陸のアプローチ中で、ベースレグを旋回していたが、「お先に失礼!」と連絡すると、「どうぞ」と返事してきたので、さっさと離陸する。

まずは七〇マイル（約一一二キロメートル）北東のキングス・キャニオンへ針路をとる。ここはジョージ・ギルレンジ大断層の切れ目であり、このキャニオン（峡谷）を境に北東側と南西側の標高がすっぱり区切られている。断層の壁ったいに同じ高度で飛ぶ。空から見ると、この大地が何万年か、いや何億年もかけてか、地球の変化という物凄い力によって褶曲（しゅうきょく）していったのを、目で見て理解することができる。人の気配がまったく感じられない。地球規模の自然現象を目の当たりにすると本当にいつも感動の念にとらわれる。「壮大」としか、ぼくには表現できない。

このキングス・キャニオンの麓に、キングス・クリークという小さなドライブインがある。モーテルというか宿屋をかねた荒野の一軒家だ。ここを自動車生活調査のためにクルマで訪れたことがあった。食堂に貼られている「ラクダの捕まえ方」の説明連続写真が面白かった。ヘリコプターで野生のラクダの群れを探し、無線機で地上を走る数台の全輪駆動車と連絡をとり合いながら、ラクダの群れを囲い込む。そうしておいて全輪駆動車からバズーカ砲みたいなもので網を打ち出し、ラクダの群れを文字通り一網打尽にする。馬鹿でかい投網みたいなものである。ラクダは足をたたんだ座った姿勢にさせられて縛られ、輸送機に乗せて出荷されていく。

野生のラクダと書いたが、もともとオーストラリアにはラクダがいなかった。それが内陸部の乾燥地帯の移動や運送に適しているので、中近東からラクダが導入されたのだ。一九世紀末から二〇世紀にかけての頃だという。そのラクダが野生化して繁殖した。一九九〇年代になると、中近東の野生のラクダが絶滅したらしく、オーストラリアが中近東へ野生のラクダを輸出し始めたと聞いた。野生のラクダが別の大陸で野生化して逆輸入されたというオチである。

意外なところでオーストラリアと中近東がつながっている。南海岸のアデレードから内陸中央のアリス・スプリングスへ鉄道が敷かれたとき、この鉄道は愛称で「ザ・ガン」と呼ばれた。「ガン」とはアフガンのことである。アフガンはラクダの代名詞だったのだろう。

キングス・キャニオンの先は、自動車が通行できる道はない。ごつごつした岩の大地をしばらく飛び、五〇マイル（約八〇キロメートル）北東にあるゴス・ブラフに向かった。

ゴス・ブラフはクレーターである。平原のなかに突如あらわれる阿蘇の外輪山のような地形なのだが、火山噴火によるものではなく、太古の時代に隕石が衝突してできたクレーターである。直径一キロメートルほどはあるから、その衝突の瞬間は物凄い衝撃だったことだろう。学者の研究によると周囲五〇キロメートルのすべての生命が瞬間的に壊滅したそうである。考えてみれば、こういう隕石の衝突は現代でもありえることだが、宇宙空間で隕石を粉砕してしまうか、軌道修正をしてしまうか、現代の人類ならばできるかもしれない。

地球にあるクレーターなど、めったに見られるものではないので、さまざまな角度から観察しようと上空を飛びまわり、いよいよ外輪山のなかで三六〇度旋回を試みるが、上昇気流と下降気流が激しくて、三〇フィート（約九メートル）ぐらい、すとんと落ちたり上がったりして、飛行機酔いしそうだった。とっくに太陽が昇って、いちじるしい大気の温度変化が起きているからだろう。外輪山のなかは乱気流が大暴れなのである。結局、外輪山より低い高度で旋回しながら観察するのを諦め、次なる目的地フィンク・リバーへ向かった。

フィンク・リバーは「世界最古の川の一つ」という異名をもつ。三億五〇〇〇万年前から存在する川だというのである。この三億五〇〇〇万年前という時代が、どれほど大昔なのかぴんとこない。地球が生まれて四六億年ぐらいすぎたと読んだことがあるが、そう考えると三億五〇〇〇万年前は「最近」だと思うし、三葉虫など生物が地球に発生したのが五億四〇〇〇万年前だと聞くと、三億五〇〇〇万年前は太古というのか古生代というのか、とてつもなく遠い昔だとも思う。

こういう風景を空から眺めていると、心底から感動し興奮してしまい汗ばんだりするのだが、それを正確にうまく表現する言葉が、いまのぼくにはない。詩人など言葉をあやつるアーチストにまかせるしかない言語表現なのだろうが、どういう言葉で表現すればいいのだろうかと、ぼくなりに考えている時間が好きだ。

この太古から存在するというフィンク・リバーは、リバーといっても、通常はワジ（枯れ川）であり、大雨が降った直後にしか水がない。この大陸内陸部は乾燥した赤茶色の砂漠地帯なのだが、大雨が降ることがあると聞いた。この川も谷も治水工事など施していない手つかずの大自然だから、豪雨がくれば大洪水が起きる。そして水がひくと数日して、植物が芽生えてくるそうだ。すると赤茶色の砂漠が緑の平原に変化する。この一大変化を見ると人は、地球が生き物だとつくづく思うらしい。ぼくも見てみたいものだ。

砂漠と渓谷の観察を楽しむと、アリス・スプリングス空港へ向かう。オレンジ・クリークのあたりで再びスチュアート・ハイウェイと出会う。南北に大陸を縦断する、くだんのハイウェイだ。大陸中央部でいちばん大きな町である人口三万人ほどのアリス・スプリングスに近いからか、ところどころにクルマが走っている。この地域は南オーストラリア州の北にあるノーザン・テリトリー準州である。人口が極端に少ないからだろうが、地方自治権はあるが「州」ではない「準州」だ。

そういえば一九九四年であったか、ここらあたりのスチュワート・ハイウェイを舞台にした、公道レースが開催された。当時のノーザン・テリトリーのハイウェイは速度無制限だった。時速二〇〇キロメートルで一時間走り続けても、一台のクルマにも出会わない、すれ違いもしないようなハイウェイなので、速度の制限の必要がなかったのだろう。その意味で公道レースにうってつけのハイウェイだった。公道レースはノーザン・テリトリー準州が開催を公認し、警察も運営に参加する「ノーザン・テリトリー・キャノンボール・ラン」と銘打って開催された。世界のモータースポーツ・ファンの注目を集める観光イベントとして地域を活性化させる、大いに期待されたレース開催であった。

ところが、レースをリードしていた日本人のドライバーとコ・ドライバーのフェラーリF40がコースアウトして、大会オフィシャル二名を巻き込み、合計四名が死亡する事故が起きた。フェラーリF40の最高クルージング・スピードは時速三二四キロメートルで、しかも公道レースだから、ひとたび事故が起きればただでは済まない。事故現場近くの小さな広場に日本語で書かれた慰霊碑が残っている。それ以降ノーザン・テリトリー・キャノンボール・ランは二度と開催されていない。

アリス・スプリングス

アリス・スプリングス空港が近づいてきた。この空港はクラスCのコントロール空港だ。約二五マイル（約四〇キロメートル）手前で、管制塔へクリアランスを要求し着陸体勢に入る。大都市のコントロール空港へのアプローチは、管制塔の指示が複雑なので緊張するものだが、この空港はレーダーで誘導してくれるので安心である。通常のトラフィック・パターンを描く必要もなく、ダイレクトに滑走路へ向かった。アリス・スプリング空港にはジェネラル・アビエーション用の短い滑走路二本と、エアラインの旅客機用の二四三八メートルが一本、合計三本の滑走路があるが、旅客機用の長いランウェイ12に降ろしてもらえた。着陸後も給油機まで管制塔が案内してくれたので、まごつくことなしにBP石油の自動給油機で満タンにできた。エプロンに機体をタイダウンすると、ターミナルビルへ歩いて行った。途中に「エマージェンシー・アイ・ウォッシュ」という洗眼のための水場があった。学校のプールにあるようなやつだ。この空港では突風で砂が目に入るようなことが頻繁にあるのだろう。町の中心まで七キロメートルある。タクシーを呼んだ。

アリス・スプリングスのアリスとは開拓者の奥さんの名前だそうである。すでに書いたが、人口三万人あまりで、セントラル・オーストラリアでは最大の町だ。エアーズロックの観光が脚光を浴びるにつれ、そのアクセス・タウンとして潤ったが、近年エアーズロック空港が規模拡張して大型旅客機が離着陸できるようになったので、アリス・スプリングスに立ち寄る観光客が減ってしまい斜陽化がいちじるしいと聞いた。ぼくたちはこの町では人気のあるプラザ・ホテルに宿を取っていたが、二三五室あるこのホテルのこの日の宿泊客は三〇組ほどだった。もともとこの時期は暑すぎてハイシーズンではないが、クリスマス休暇のイブイブ一二月二三日がこの閑古鳥では気の毒だ。この町を基点としてセントラル・オーストラリアの大自然を楽しむ観光地はたくさんあるし、砂漠のど真ん中の町の陸の孤島のような興味深さがあるアリス・スプリングスの人気があってほしいが、エアーズロックひとり勝ちなのであった。ご神体の岩山の霊験あらたかというものなのだろう。

息子はこの日もホテルに到着次第、すぐにプールに入ると言って聞かない。毎日々々飽きるほど飛行機に乗せられてる時間は、幼い子供にとっては退屈でしょうがないのだろう。ぼくは飛行機旅行に夢中だが、息子の気持ちもよくわかる。要望どおりプールへ遊びに行った。

ぼくと妻はプールで遊ぶ息子を目で追いながら、プールサイドの室内レストランでランチをとる。ぼくはアウトバック・バーガーを注文した。このハンバーガーは、プラザ・ホテルがアウトバック・ハンバーガーとオリジナルな名前をつけているが、要はオーストラリアで人気の「ハンバーガー・ウィズ・ザ・ロット（Hamburger with the lot）」である。言うまでもなく「ｌｏｔ」は、たくさん、大いに、どっさり、たっぷり、といった意味だから、ハンバーガー・ウィズ・ザ・ロットは「てんこ盛りバーガー」とでも訳せばいいのではないかと思う。オーストラリア特有の巨大ハンバーガーである。

イギリスからの移民が多いオーストラリアの人びとは、アメリカの人びとと嗜好が似ていて、ハンバーガーが大好きだ。都市には世界的巨大チェーンのマクドナルドやハングリージャックス（バーガーキングのオーストラリア版）などの店が当然あるが、それだけではなく個人営業の地元のハンバーガー店があるものだ。こういう個人の店は巨大チェーンが進出しそうにない小さな町にもあるのが嬉しい。

そうした地元のハンバーガー店の、メニューのトップは、たいていプレーン・バーガーである。ハンバーグだけをはさんだ、もっともシンプルなハンバーガーだ。その次がチーズ・バーガーかベーコン・トマト・レタスといったところだ。その品書きの最後の方の最高級ハンバーガーだと思える位置に書かれているのが、ハンバーガー・ウィズ・ザ・ロットである。これはその店のトッピング食材をすべてぶちこんだ巨大ハンバーグだ。トマト、ベーコン、レタス、チーズ、オニオン、パイナップル、目玉焼き、ビーツという紫色の根菜のシロップ煮などをすべてはさんだ巨大バーガーである。

これをどうやって食べればいいのだと思うぐらい巨大で、直径というか縦横というか二〇センチメートルはある。したがってハンバーガー・ウィズ・ザ・ロットは、お行儀よく食べることができない。手も顔もベタベタにしながら頬張って食べる。この大きさと野生味が、オーストラリアならではのハンバーガーなのである。

ぼくは発売前の開発中の新型車の評価のために、日本からきたテスト・チームとともにアウトバックの砂漠地帯へ出ることがしばしばある。良い自動車商品を開発するためには、アウトバックの過酷な環境でのテストが必要であり、またアウトバックは人目がないに等しいので開発中の新型車を長時間走らせても機密が守れるからである。そういう評価テストなのでランチは、用心を重ねる意味で人がいない郊外の空き地をテスト・チームの駐車場にして、そこからハンバーガーを買い出しに行くのである。人目の多い町の道を未発表の新型車で走ることは禁物だ。このとき日本からの出張者に「ぼくはハンバーガー・ウィズ・ザ・ロットが好きなので、それを食べるけれど、みなさんはどうしますか」と聞くと、たいていは同じものでいいとみなが答えるので、ぼくはニヤッとなる。焼きたてのハンバーガー・ウィズ・ザ・ロットはどの町でも旨いし、蕎麦やラーメンやカレーのように毎日のランチでも飽きない。しかもハンバーガー・ウィズ・ザ・ロットはオーストラリア名物であるから、一度は食べて話題の土産にして帰ってほしいものである。とはいえ彼らは買ってこられた巨大ハンバーガーを見てびっくりする。こうして日本からの出張者は、二週間のテスト評価仕事で、だいたい二キログラムぐらい太って帰っていくことになる。

デジェリデュを吹く

夕方、食事のためにタウンセンターへ出掛けた。歩いていくには少し遠いのでタクシーを頼む。タウンセンターに行く前に寄り道して、町外れの丘であるアンザック・ヒルに登ってもらう。

アンザック（ANZAC＝Australian and New Zealand Army Corps：オーストラリアとニュージーランドの連合部隊）は、第一次世界大戦中に組織された義勇軍のことである。この丘にアンザックの戦没者の顕彰碑があり、展望台があって町が一望できる。この町を覆うように連なる、高さ二〇〇メートル程度の地面のうねりと言っていいウェストマクドネル山脈が、夕陽で真っ赤に染まっていた。

美しい夕焼けを見たあと、タウンセンターのトッドモールへ行き、タクシーを降りた。観光客向けの飲食店やお土産店が並ぶタウンセンター通りなのだが、夕方七時をすぎていたので、すべてのお店が閉まっていた。

デジェリデュの演奏者の青年が働くアボリジナル・ピープル民芸のお土産店があるので、妻と息子を連れて行きたかったのだが、残念であった。

デジェリデュとは、オーストラリア先住民族アボリジナル・ピープルの伝統的な縦笛だ。素朴な木製の楽器なのだが、作り方が珍しい。自然に生えている樹木の中心部を白蟻（シロアリ）が食い尽くし、立ち枯れて空洞になった幹が素材になる。大きさは大小いろいろあるが、長さでいくと一メートルから一メートル三〇センチが一般的で、音も良いらしい。デジェリデュの表面は美しく装飾されている。その意匠はアボリジナル・ピープルの部族によって異なる。全面にニスのようなものを塗ったカラフルな色のものやら素材の木地そのままを生かしたシンプルなのもある。たいていはトカゲや魚やカンガルーといった彼らの生活に密着した動物の模様が描かれている。

演奏方法は、唇を吹き口につけて唇を震わせながら息を吹き込む。するとヴュイーンと共鳴しているような、地の底から響いてくるような神秘的な音が発生する。筒には指で押さえる穴も何もなく、音程やリズムは唇の形と振動、そして息の吹き込み方で調整する。デジェリデュの演奏は、単音でヴュイーンと一発だけ吠えるように音を出すのではなく、リズムをとりながら幻想的なメロディーを奏でる。オーストラリアの観光地でときどきデジェリデュの大道芸人を見かけるが、たいていは一発ヴュイーンと吹くだけでご祝儀にありついている。しかし本式のデジェリデュの演奏は、一本の管楽器で神秘的なメロディーのみならず幻想的なサウンドを奏でる、素晴らしく奥深い音楽世界がある。一発ヴュイーンと吹いて観光客からコインを集めるデジェリデュの大道芸人はご愛嬌だとぼくは思う。そのような音楽世界を奏でるデジェリデュは歴然とした木製の楽器なのだが、楽器的分類をするとトロンボーンやトランペットと同じ吹き方をするので金管楽器になるそうだ。

半年ほど前に仕事でこの町にきたときに、デジェリデュのコンサート活動をしている青年が働く民芸品店で、ぼくはデジェリデュの演奏を初めて聞き、その魅力にとり憑かれた。その場で彼が演奏するCDアルバムを買い、さらにデジェリデュを一本買った。買ったときに三〇分ぐらい演奏方法の手ほどきをうけ、その夜から毎晩吹いたのだが、最初の二週間はまったく音が出なかった。吹くときの唇の形と振動が肝心だと習ったので、何度もいろいろな方法を試して吹いているうちに、唇を斜めに軽く当てるようにしたら、とりあえず音が出るようになった。しかし、あのデジェリデュの青年奏者が吹いたように、滑らかにメロディーを奏でることができない。ただ単音が出せただけだ。いままで楽器を練習したことが一度もないので、勘すら働かない。何とかして吹けるようになりたかったので、勝手流に練習をしていた。

ようするに管楽器演奏の知識がないまま悪戦苦闘の練習をしていたのだが、また仕事でアリス・スプリングスに行ったとき、くだんのデジェリデュ奏者の青年と再会し、演奏のための奥義を教えてもらったのである。それはサーキュレーション（循環呼吸）であった。

サーキュレーションとは口から息を吹き出しながら鼻で空気を吸うという呼吸法である。音楽が好きだけれど音楽の知識がないぼくは、そんな芸当ができるかと思ったが、管楽器奏者のみならず歌手などもサーキュレーションは基本的技術の一つだと知って驚いた。実際に彼らは、口から息を吐いて歌ったり管楽器を吹いたりしながら、鼻から空気を吸うのだ。

いったい、どうやって、サーキュレーションをするのかと、ぼくは考えた。横隔膜を半分ずつ逆方向に動かしたり、肺の片方が膨張で片方が収縮なのか。はたまた喉の筋肉とほっぺたか何かの筋肉の動かし方を工夫するのだろうか。考えてやってみても、いつまでたってもサーキュレーションができなかった。

メルボルンあたりでも探せば、デジェリデュを教える教室があるのだろうが、ぼくは意地になって独学にこだわった。けっこう真剣に練習してみたが、ついに吹けるようになったという瞬間を、残念ながらいまだに迎えていない。一発ヴュイーンと吹くことはできるので、その気になれば観光客相手のデジェリデュの大道芸人になれるかもしれない。

ステーキと『ワルチング・マチルダ』

その夜に予約していたレストランはオーバー・ランダーズ・ステーキ・ハウスである。タウンセンターのトッドモールから徒歩五分の世界中からきた観光客でいつも賑わっている店だ。

ビーフステーキはノーマルで五五〇グラム、ビッグで七〇〇グラムのオーストラリアらしいボリュームがある。人気の秘密はボリュームだけではない。メニューにある肉の種類が、牛、豚、鶏、七面鳥以外に、オーストラリア特産と言っていいカンガルー、ラクダ、ワニ、バッファロー（野牛）、エミュー（ダチョウのような大型鳥）、バラマンディ（スズキのような魚）など地元食肉のバリエーションが豊富だからだ。日本料理でいえば珍味に分類されるか、いっとき流行したジビエというのだろう。これらのさまざまな肉と前菜をセットにしたドローバーズ・ブローアウトが大人気メニューなのである。ドローバーズ・ブローアウトは「パンクして制御不能になった家畜商人」とでも訳せばいいのか、冗談メニューというのか、土産話のネタになるから、この店を訪れる観光客の三人にひとりはこれを頼んでいると思われる。

ぼくは最初にきたときはドローバーズ・ブローアウトを頼んだ。味の良し悪しは人によってちがうが、バッファローとエミューは脂身がなく味の深い牛の赤身のような感じが旨く、カンガルーも赤身だがちょっと臭みがあると思った。ラクダも赤身だったが、カンガルーほど赤くなく、やわらかだったが、これも少し変わった臭みがあった。ワニは鶏のささ身にエビでも混ぜたような感じだった。バラマンディは白身の魚で旨かった。どれも珍味だったが、もう一度食べてみたいと思ったのは、やっぱり食べ慣れた牛であり、オーストラリアのビーフ・ステーキはとても旨いことを再確認した次第である。

観光客を当て込んだレストランだから、注文時にどこの国からきたのかと質問され、各テーブルにその国の国旗が飾られる。この日はテーブルの半分程度にオーストラリア国旗があり、その他カナダ、ドイツ、マレーシアが目立ち、そしてぼくたちのテーブルには日の丸が置かれた。

テーブル・サイドには小さなステージがあり、ウィリー・ネルソンのような髭面の渋いシンガーがギターを弾いてカントリーソングを唄い始めた。でも、これはアメリカのカントリーソングに似ているが、オージー（オーストラリア人）独特のそれだと思う。ここでいうカントリーソングとは民謡やフォークソング（古典的な民衆の歌）のたぐいだ。オーストラリア人ならきっと誰でも知っている歌である。陽気のあまりステージに上がってカンガルーのようにジャンプしながら踊っているお客もいたから、日本でいえば盆踊りの音頭みたいなポピュラーミュージックにちがいない。音楽が始まると素朴で楽しい雰囲気につつ

砂漠のエアストリップ滑走路で母子のスナップ写真。砂漠といってもさらさらした砂ではなく、乾燥して固くなった赤茶色の地面がどこまでも続いている。

後席の左側が息子の定席だった。エンジン音が大きいのでヘッドセットをつけて会話し、同時に耳を騒音から守る。息子はいつも寝ていることが多かった。

まれる。

そしてシンガーが『ワルチング・マチルダ』をおもむろに唄い始めると、オージーたちは待ってましたとばかりに、ある人は感動して聞き入り、ある人は笑顔になって体ぜんたいでリズムをとり、シンガーと一緒になって唄い出す人もいる。『ワルチング・マチルダ』はオーストラリアの国歌ではないのだが、国民歌と呼ぶべき歌だ。国際的なスポーツ大会にオーストラリアのチームが出場すると、応援に駆けつけてきたオージーたちは一斉に『ワルチング・マチルダ』を唄ってチームと一体になって盛り上がる。

『ワルチング・マチルダ』の「ワルチング」は、オーストラリア「開拓時代」の一九世紀後半から二〇世紀はじめの放浪する労働者のことだが、音楽のワルツを踊るという意味もかぶっているらしい。「マチルダ」は女性の名前だが、放浪する労働者たちが背負っていたバックパックのニックネームだという。バックパックといっても湯沸かし用の空き缶や保存食などを毛布でくるんだもので、これをスワッグと呼ぶ。そのために放浪する労働者はスワッグマンだ。アメリカのホーボーみたいな人びとと説明すればわかるかもしれない。そのスワッグについたあだ名がマチルダであった。定住せず辛い肉体労働の日々を生きる男たちが、毎晩つかの間の安らぎを与えてくれる毛布に、女性の名前を与えることは何の不思議もあるまい。

オージーたちが『ワルチング・マチルダ』を唄うとき、元気な陽気さだけではなく、真剣な力強い表情を浮かべるのは、この歌の歌詞が人間の生き方と物悲しさを語っているからだ。『ワルチング・マチルダ』の歌詞は無数のバージョンがあり諸説紛々らしいが、だいたいこういう意味の歌である。スワッグマンが放浪の旅で子羊を捕まえる。しかし子羊はとある牧場主の所有物で、これは盗みだと警察沙汰になる。捕まるくらいなら自由を選ぶとスワッグマンは沼地に飛び込んで死んでしまう。

ご存じのようにオーストラリアは、先住民のアボリジナル・ピープルの大陸だったがイギリスが植民地にするばかりか流刑地とした歴史がある。イギリス人のみならずヨーロッパの国々から多くの移民がやってきてドイツ人も多かったと聞くが、移民たちはオーストラリアを「開拓」していった。静かに暮らしていた先住民にとって、あとから押し寄せてきた人びとに「開拓」と言われても困るだろうが、移民たちはやがて国民国家をめざし、苦難の末に植民地から独立し、自由経済の民主的な国家になった。オーストラリアが独立国家となったのは二〇世紀のはじめだから、この国は大変に新しい。こういう歴史のなかでオーストラリアの人びとは自分たちのアイディンティティを形成してきた。その歴史のなかで移民たちの存在と精神を象徴するのが『ワルチング・マチルダ』だと、人から聞いたり本を読んだりしてぼくは知った。たしかに彼らは誇り高く『ワルチング・マチルダ』を唄う。

実は当時のぼくは『ワルチング・マチルダ』について、よく知らなかった。オーストラリアの人びとが、何かあるといつも唄い、妙に盛り上がる歌だなぁぐらいにしか思っていなかった。もちろん『ワルチング・マチルダ』の意味を知ったときは、ぞくっとする気持ちになったが、それはずいぶんあとのことだ。この夜も家族とともに肉と音楽と一本の赤ワインを楽しみ、『ワルチング・マチルダ』は他人事で、腹一杯になってすっかり満足し早目にベッドに入った。明日の行程はちょっと長めだ。

忘れられない砂漠のバー

一九九七年のクリスマスイブは朝六時の起床から一日が始まった。

起床と同時にホテルの部屋の電話回線をつかってインターネットに接続し、気象情報を収集した。当時のインターネットは地上電話の回線でプロバイダーとつなぐ時代だったが、いまの若い人には想像もつかないだろう。

この日から東海岸へ向けての長距離飛行を始める。大陸内陸部からグレート・バリア・リーフがある東海岸へ二日がかりのフライトだ。今日は六三二マイル（約一〇一七キロメートル）を飛ぶ予定だ。あいにく一五ノット（約時速二八キロメートル）の向かい風が予想されているので、クルージング速度がおちるから六時間四五分の飛行時間を予定した。フライト計画書を書いてアリス・スプリングス空港の管制塔へファクシミリで届けた。ファクシミリという通信機器を知っている人も少なくなりつつある。

アリス・スプリングス空港には八時前に着く。一日の二〇本ほどのエアライン定期便発着があるクラスCのこのコントロール空港だが、さすがにこの時間は人の気配もない。すぐに離陸の許可が出るだろう。まずは東西四〇〇キロメートル・南北八〇〇キロメートルのシンプソン・デザートを東南東方向へと飛び越える。この砂漠の別名は「不毛の砂漠」である。

ところが、この朝は息子が抗議行動を起こした。「もう飛行機には乗りたくない」と言って、翼の下に座り込んでしまったのだ。あきらかな意志を表明した拒否である。これは飛行機に乗るのに飽きてグズって親を困らせているのとはちがうことが、すぐに理解できた。何かはっきりとした理由があるはずだ。こうなれば面とむかって話し合い、解決するしかない。

息子の意見を聞き出すと「飛行機に乗ると耳がボコボコして痛いから嫌なんだ」と言う。なるほど、そうか、とぼくは納得した。いままで毎日、夏の内陸地帯の昼間は気温が高くなるので暑いから、気温が適度な高度五〇〇〇フィート（約一五二四メートル）程度を飛び、ちょっと面白い景色をみつけると急降下して至近距離から見物していた。パイパー・チェロキーの乗員室は、旅客機のように与圧調整をしていないので、高度が変化すれば機内の気圧が変わる。急降下すると、水中深く潜っていくのと同じく、気圧が高まり鼓膜が圧迫され、耳が痛くなる。旅客機でも着陸時にこうなる人がいる。だが、鼻をつまんでフンッとやれば、いわゆる耳抜きができて、痛みがおさまる。ところが息子は、この耳抜きの方法を知らなかったのだ。

そこで耳抜きの方法をおしえた。そして今日もまたホテルに着いたらプールで遊ぼうと提案し、なだめすかすと、息子は納得して後部座席に座った。

早朝の空港は離発着する航空機がないので、離陸の申請があっさりと承認されランウェイ12で飛び立つ。離陸後、一〇六度を保針し、毎分二〇〇フィート（約六一メートル）のゆるやかな上昇をして、巡航高度七五〇〇フィート（二二八六メートル）まで上昇した。経由地のバーズヴィルまで三二四マイル（約五二一キロメートル）あるから、急いで上昇して無駄な燃料を使う必要はない。

空港から南東五〇キロメートルにあるサンタ・テレサの集落を右手彼方に見送ると、そこから先はもはや太古の大地そのままだった。シンプソン・デザートは、砂漠といっても砂だけでできているわけではない。はじめのうちは低潅木がまばらに見える。しかしそのうち、樹木がなくなってくるとともに、大地が一定の方向にうねっているのが見てとれる。普通の地図でも航空地図でも、シンプソン・デザートは北西から南東の方向に、無数の筋をもって表現されているが、これは強い季節風によりこの方向の砂丘が無数に生成されるからである。目測すると、その砂丘の間隔は五〇〇メートル程で、高さは一〇メートルから二〇メートルだろう。操縦席からの視界には、地平線から地平線まで、延々と同方向に続くうねった砂丘以外には何もない。大いなる自然の風景に感動した。

同じ風景のなかを飛ぶと、目的を見逃したりする単純な錯覚を起こすので、航空地図WAC（World Aeronautical Chart）を何度も見て自分の位置を把握する。経由地であるバーズビルの町とその飛行場を見逃すと、燃料補給ができず、本日の目的地ロングリーチまでたどり着けない。そのために慎重に地分航法をおこなう。WACは一〇〇万分の一の大縮尺だが、意外にも実に細かい地上情報が記載されている。砂漠のなかに直径一キロメートル程の干からびた沼痕みたいなのがたまに見えるが、そんな小さな沼も地図上に正確な形で発見できる頼もしい地図だ。実は乾電池で動くハンディタイプのGPSを持ってきたのだが、なぜか調子がわるく、離陸前まではきちんと動くのに、どういうわけだか飛行中は一切の情報を示さない。

こうして地上目標物を拾っていった結果、ADF（Automatic Direction Finder＝自動方向探知計器）が二〇マイル（約三二キロメートル）手前で、バーズビル飛行場の電波をキャッチして、飛行場を正面に示したときは嬉しかった。息子の耳を案じて、ゆっくりと降下していった。

バーズビルは文字通り陸の孤島である。周囲三〇〇キロメートルで唯一の町だ。総人口が一〇〇人いない。だが、有名な町なのである。年に一度九月の週末に、競馬の大イベントが開催されるからだ。そのとき人口が一〇〇倍、つまり一万人に膨れあがるという。当然、小型飛行機でくる競馬ファンがいて、何かのガイドブックで見た写真は滑走路のまわりに百数十機の小型機が並んでいた。一万人分の宿泊施設がないので、滑走路のまわりに色とりどりの大型テントが散らばっている。水も食料も持参しているのだろう。さながら飛行機のオートキャンプ場といったところだった。

だが、いま空から見るのバーズビルはそんな気配はさらさらなく、数十軒の住宅が小さな町をつくり、その町に隣接した二本の滑走路があるだけだ。C-TAFのアナウンスをして、ランウェイ14へアプローチしていった。

高度四五〇〇フィート（約一三七二メートル）をきったあたりで、ベンチレーターから熱風が吹き出してきたので、地上は猛烈な暑さであろうと思った。着陸してみると案の定、外気温度計は摂氏四七度を示している。体温よりはるかに高い危険な気温だ。命の危険を感じるほど灼熱のクリスマスイブは初めてである。

滑走路の端に給油タンカーが見えたので、その横に駐機する。飛行場にも、一〇〇メートルほど向こうに見える町のメインストリートにも、人影が見えない。この暑さだ。誰も外出していないのだろう。

斜め向かいの「バーズビル・ホテル」の看板を出している建物へ歩いていった。このホテルは否応なしに歴史を感じさせる。煉瓦を積み重ねて、漆喰で固めただけの建物は、おそらく築一〇〇年ほどであろう。正面入り口にはアメリカの西部劇映画に出てくるようなバネ仕掛けの両開き扉があり、その扉をギィーと開けると思ったとおり、そこはこれまた西部劇映画で見た酒場そのものであった。バー・カウンターがあり、いくつかのテーブル席がある。まだ昼前だというのに、カウンターにはテンガロンハットをかぶった老人がひとりいて、うつむいてビールを飲んでいた。小瓶のビールをらっぱ飲みしている。カウンターのなかには髭もじゃのマスターがグラスを磨いている。ふたりともぼくたちを一瞥しただけでまた元の動作にもどった。四歳の子供連れの日本人なんて珍しいビジターだろうに、礼儀ただしく好奇の目で見ないのか、関係のないことには興味をしめさないのか、ハードボイルドな雰囲気だった。

　飛行機に燃料を入れたい、とマスターに言うと「ああ、わかった」と答えて外に出て行き、タンカーからホースを引っ張り出して満タンにしてくれた。燃料代は高かった。一リッターが一ドル三五セントだ。平均九〇セント弱だから、一・五倍もしたが、この辺地で燃料が手に入るのだから、妥当な値段だろう。

　バーに戻って、何か食べる物はできるかと質問すると、無言で壁の黒板を指さした。ハンバーガー、サンドウィッチの他にスパゲッティボロネーゼなどができることを白いチョークで殴り書きしてあった。ぼくはスパゲッティにビクトリア・ビターの小瓶を一本、妻と息子はハンバーガーにコークとオレンジ・ジュースを頼んだ。

　テンガロンハットの老人は、空になったビールの小瓶を前にして、うつむいて座っているだけだ。言葉を発しないし動きもしない。マスターが「もう一杯やるか」と声をかけると黙ってうなずいた。マスターは冷蔵庫からビクトリア・ビターの小瓶を出してくるのと引き換えに、彼の右手の辺りにばらばらと置かれているコインから相当額を拾い出す。そうして「ああ、今日はここまでだな」と言った。おそらく老人は何ドルかの飲み代をカウンターに置いて、ビールをちびちびやっていたのだが、残念ながらこの日の飲み代は昼前に尽きてしまったようだ。

　ひとり静かに、じっと座って、ビールを舐めるように楽しんでいる老人の脳裏をよぎる思いは何か。開

年季の入ったバーズビル・ホテルのバーカウンター。テンガロンハットをかぶった老人もふくめて、まるでウエスタンムービーのようだった。

ぼくはビクトリア・ビターの小瓶をもらった。オーストラリアを代表するビールで、通称「VB」だ。

拓時代の若かりし自分の姿か、都会に出ていってしまった子供たちのことか。悠然と流れる時間のなかに身をまかせているのは、孤独と無力に押し潰されたのか、それとも極上の思索のときなのか。気の毒でもあり羨ましくもある。

食事ができるのを待つ我ら三人は、この場から完全に浮いている。いつもの夜は荒くれ男どもが煙草を燻らしながら無言でキューを打つであろうビリヤード台は、妻と息子が遊びで玉を打ち、おもちゃと化している。そのシーンをデジタルカメラとビデオで撮影するぼくは家族旅行を無邪気に楽しむ父親そのものだ。しかし老人は何も動じることなくビールの小瓶を前にしてうつむき、マスターはカウンターのなかで黙々と働いている。

食事をすますと「ダービーのときに、またきたいものだ」と、ぼくはマスターに言って家族を連れてバーを出た。パイパー・チェロキーまで無言で歩き、そのまま乗り込みエンジンを始動させて飛びたった。今回の旅行で最も印象深い時間であった。

カンタス航空発祥の町

針路は少し北寄りに五五度で、次なる目的地は三〇八マイル（約四九五キロメートル）さきのロングリーチである。

相変わらず真っ平らな大地には人間の気配を感じない。しかし次第に気候帯が変わってきて降水量が多い地帯に入ってきたのか、いたるところに流水の痕跡が見える。乾燥したこの季節でも、泥水が残っている川もある。おそらく豪雨による洪水があったのだろう。空から見ると真っ平な大地でも高低差があるのだ。川の水はわずかでも低い場所を目指して流れ溢れて砂礫を運び、広大な扇状地を形成している。やっぱり地平線から地平線まで泥水に沈むほどの洪水があったのだ。

地面に水分があるということは、太陽に照らされた水分が蒸発すると、雲ができる。はたして地平線の彼方に、大きな積乱雲が見えてきた。航空用語でCB（Cumulonimbus Cloud）と称される積乱雲とは、いわゆる入道雲であり、その内部は激しい上昇気流と下降気流が吹き荒れ、雹が氷結し、雷鳴が轟いている。積乱雲はときには高度一万メートル以上にまで達し、大型旅客機ですらそのなかを通過することはできない。まして小型機などは機体強度を超える乱気流でバラバラにされてしまうらしい。CBは飛行機乗りには最も恐れられている雲である。地表を刺す灼熱の日射が水分を蒸発させ激しい上昇気流を作り、これが上空に舞い上がるうちに冷やされ耐え切れず結露するというのが、CB発生のメカニズムであるため、熱帯地方の午後には毎日発生すると言っていい。そのことを心配していたから、この日も朝暗いうちから出発準備をしたが、CBの登場である。

視界のなかに中規模のCBが点在していた。それらをひょいひょいと避けながら目的地へと進む。CBはどれも同じではなく、もくもくと成長中のものもあれば、激しいスコールを降らせているものもある。面白いのは青く晴れ渡っている大空にCBがあり、まるで生き物のように見えることだ。昔の人が「雷さん」と呼んで擬人化した気持ちがわかる。

はるか北の方には絶望的に大きく、避けようがないと思えるCBが見えたが、祈りがつうじたか、ぼくの針路には避けられないCBがあらわれず、無事にロングリーチの町並みを眼下に見ることができた。

ロングリーチはオーストラリアのフラッグ・キャリアであるカンタス航空ゆかりの地だ。QANTASはQueensland and Northern Territory Aerial Servicesの略で、その名の通りクイーンズランドとノーザンテリトリーを結ぶ航空サービス会社としてロングリーチで運行を開始した。一九二〇年（大正九年）の創立だから、世界で二番目に古い歴史を誇る航空会社であり、かつその歴史に人身事故が一度もない「世界でいちばん安全なエアライン」と呼ばれることを矜持としている。この大きな大陸で最良の交通機関となれば、第一に飛行機となり、それが発展するのは、むべなるかなというものだ。

このカンタス航空の歴史は尊重に値するし、不断の努力があってこそ人身事故を起こしていないのだろう。出張でよくカンタス航空の旅客機を利用するが、そのたびにきっちりとした運営がなされていて、すぐれたホスピタリティを感じる、素晴らしい航空サービス会社だと思う。そのことを大前提にして読んでいただきたいのだが、航空の世界にはリアリストが多い。パイロットが操縦桿を握るとき、つねに最悪の事態を想定して、たとえば不時着できる場所をいつも考えているわけだから、リアリズムはパイロットの基本精神だ。そういう空飛ぶ仕事にたずさわる連中は、事故を起こしたことがないエアラインがいちばん危ないのだと言ったりする。一度も航空機事故を起こしていない航空会社は、航空機事故が起きる確率を消化していないから、事故を起こす確率がかえって向上していると考えるからである。その考えの大前提には、どんなに努力しても航空機事故をゼロにできないという徹底したリアリズムがあり、したがって事故が起きれば、事故を起こす蓋然的な確率が減るばかりではなく、事故を未然に防ぐ努力が増強されるという超現実主義的合理主義がある。ようするに、そこまで考えるからこそ、考えうる最善の安全が担保できているというわけだ。クルマを運転するとき対人対物の事故保険に加入するのと同じ考え方だが、その

愛機を操縦する。エンジンパワーもなくアクロバチックという程ではないが、急上昇、急旋回、急降下をするのが気持ちよくて好きだった。

エアストリップと呼ばれる滑走路とウィンドソックスだけの簡易飛行場。たいてい舗装していない砂利の滑走路である。1回の使用料は1ドルから5ドルぐらいまで。

リアリズムの度合いが、空飛ぶパイロットにおいては地上を走るドライバーより、はるかに高くきっちりと考えているのだろう。オーストラリアのパイロット仲間が「これだけ地形が平らな国だから、カンタスが不時着しても怪我人が出るわけもない」という冗談を言っていた。

ロングリーチ空港に着陸すると、空港に保存され公開されている一九二〇年創立当時のカンタス航空のハンガー（格納庫）に立ち寄り、町には最初の事務所のレプリカが記念館になっているので、そこへも立ち寄った。オーストラリアでパイロット・ライセンスを取得したのだから、その国のフラッグ・キャリアへ敬意を表するという気持ちがぼくにはあった。それらの見学をしたあと、空港から徒歩五分ほどのモーテルに、この日の宿をとった。

昨日までは乾燥地帯にいたので、暑くても汗がすぐに乾いて気にもならなかったが、ここでは少しばかり歩いただけで汗がじっとりと肌をまとった。まだ海まで直線距離で六〇〇キロメートルもある内陸にいるのだが、湿度が高い海の方へ近づいていることを身体の反応で実感させられる。

南太平洋へ

翌日はロングリーチから、一気に東海岸まで北北東へ飛び、ハミルトン島へ着陸した。

眼下の大地は乾っからに乾いた砂漠の様相から次第に緑をおびてきて、丘陵と呼べる地形になったと思っていたら、海が見えた。

オーストラリア大陸の東海岸の海は、まず大きくいえば太平洋である。その太平洋は赤道より南で、南太平洋と呼ぶ海だ。さらにその南太平洋のなかのサンゴ海にある、グレート・バリア・リーフの、ウィットサンデー諸島の一つがハミルトン島である。いちばん近くの有名な町は、ちょっと北のケアンズだ。何度も書くがオーストラリアで北といったら常夏の赤道の方角である。これでハミルトン島のだいたいの位置がわかっていただけるだろう。

ハミルトン島のあたりウィットサンデー諸島一帯はユネスコの世界遺産にして世界的に知られたリゾート地である。日本人観光客にも人気が高い。ハミルトン島は一周一〇キロメートルにも満たない小島だが、その中央部に一七六七メートルの滑走路がある空港があり、二七〇人乗りクラスの旅客機が定期便で就航している。この空港がウィットサンデー諸島リゾートの玄関口だ。

当時ハミルトン島の中央には三つの大きなホテルが建ち、ビーチやマリーナ、ショッピング・エリアやレストラン街は、すべて徒歩圏にあった。シャトルバスやゴルフ場で見かけるようなカートも頻繁に走っている。この島でのんびりと休暇をすごすのも魅力的だが、ヨット乗りとしては、もっと素朴な島へ行ってみたいし、チャーター・クルーズができると聞いていたから、それがどのようなものかも調査したいのである。次の長期休暇にぜひチャーター・クルーズを実現したいからだ。

チャーター・クルーズというのは、小さな船をチャーターして、そこに寝泊りしながら好きな場所へ気ままに何日もクルージングをすることだ。大型客船で世界一周するとか地中海やカリブ海をめぐるというのではなく、小さな船で気ままにクルーズするところが魅力なのである。

そのようなチャーター・クルーズだが、ぼくが何ゆえに調査までして実現してみたいと思っているかといえば、こういうクルーズを日本でやろうとしても、その条件がないから、できないのである。チャーター・クルーズをするには、次の三つの必須条件がある。すなわち、年間を通して気候が穏やかなこと。停泊できる島や天然の入り江が適度に点在すること。治安がいいことだ。この必須条件に、たとえば伊豆七島は残念ながら合致しない。海はきれいで治安は抜群にいい。だが年間を通じて気候が穏やかではない。快適に泳げる夏は二か月もない。そこに台風が襲う可能性もある。そうでなくとも複雑な黒潮の流れに、ちょっとした悪天が重なると、かなりのベテラン・セーラーでも恐ろしい海況となる。そもそも島と島が離れすぎているし、安心できる入り江が少ない。海の美しさでは世界でもトップ・クラスといわれる沖縄エリア南西諸島も同じように年間を通してのチャーター・クルーズが成り立たない。したがってビジネスとしてのチャーター・クルーズは日本には存在しない。

ところがウィットサンデー諸島は、亜熱帯に属し一年中温暖であり、大陸の東なので台風がこない。グレートバリアリーフによって外洋から守られているために波が穏やかで、相模湾ほどの面積に三〇の島々が浮かび、無数の入り江がある絶好のクルージング・スポットだ。家族三人が寝泊まりできるヨットを借りれば、素晴らしく楽しいチャーター・クルーズができるのである。今回はその下見をしたいのだ。

ウィットサンデー諸島

ハミルトン島空港に着陸して、燃料を補給したあと、管制塔へローカル・シーニック・フライト（地域遊覧飛行）のクリアランスを要求する。すると高度一〇〇〇フィート（約三〇五メートル）での遊覧飛行が、あっさりと許可され、ランウェイ32で離陸せよとの指示である。

飛び上がると、すぐにロング島上空に達する。南北に三キロメートルほどの細長い島で、椰子の木陰にコテージがいくつか見える、渋い雰囲気のリゾート島である。その東にはデイドリーム島がある。ここはさらに小さく、長手方向でも一キロメートルない。コテージは樹木に囲まれていて、プライベートビーチがある。

次はサウスモール島だ。昨年のクリスマス休暇は、この島で家族とすごした。そのときは日本からやってきた両親と合流して滞在したのだが、サウスモール島に到着した直後の父の変貌ぶりが面白かった。神戸の銀行で重役をやっている父は、日本での週末や休暇はもっぱらゴルフなので、ポロシャツにスラックス、革靴と、自分ではスポーティーなつもりのゴルフ・スタイルで島に降り立った。亜熱帯のリゾート・アイルでは大変に浮いているいでたちであったと言わざるをえない。サウスモール島に到着してそれをすぐに察した父は、お土産店へ駆け込み、明るい色彩のTシャツと短パン、スポーツサンダルとサングラスを買い、一〇分後には見事なリゾート親父へと変身してあらわれたのである。その「ビフォー&アフター」の写真を、シカゴに住む弟夫婦に送ってやったら笑いが止まらなくなり二〇分腹を抱えて転げまわったそうだ。

オーストラリアでの最初の長期休暇にサウスモール島を選んだのは、俗化した大規模なリゾート・アイルではないことと、大人も子供も両方が楽しめそうなアクティビティが揃っていたためだ。その狙いは当たり、閑静なリゾート・ホテルでの滞在を満喫し、島のトレッキング・コースや海のアクティビティが楽しかった。だけれど残念なことが一つあり、それは海が期待したほど美しくはなかったことだ。水はきれいだったが、海底がただの瓦礫の砂地なのである。白い砂浜とサンゴ礁の海に色彩豊かな小さな魚が泳いでいるというわけにはいかなかった。

そのことについて、今回空から見ると、一目瞭然であった。グレート・バリア・リーフとはいえ、このエリアの海岸線のどこもがサンゴ礁で囲まれていないし、白砂の浜でもない。次のヘイマン島もそうだった。英国王室がしばしば訪れるためロイヤル・ヘイマンと称される高級リゾートの島であるが、遠浅のビーチを空から見ると、どうもその海底は泥質である。ディンギーやパラセーリングで遊んでいるうちはいいが、潜ってみるとがっかりするのではないだろうか。その隣のフック島は素晴らしかった。いまでは開発の手が入っているかもしれないが、当時は密林で覆われた島は無人で建物一つなく、多くの小さな入り江があり、それらの入り江の奥はきまって白い砂浜になっている。また浜から五〇メートルほど沖に、大きく広がるサンゴ礁が見える。チャーター・クルーズで、この島へ行って潜れば、美しいサンゴ礁の海を堪能できそうだ。

フック島で右にUターンし、今度はウィットサンデー島に沿って南下する。グレート・バリア・リーフの観光ポスター写真に必ず使われるホワイト・ヘブン・ビーチは、この島の東海岸である。このビーチはヒルインレットという河口から、七キロメートルも続く白砂の海岸線だ。潮がひくと幅が数百メートルの広大な白い砂浜があらわれ、河口の川の流れと海の満ちひきの相乗効果によってなのだろうが、ダイナミックな紋様が描かれている。これが文字通り白い天国の浜辺で、えもいわれぬ自然の造形美を醸し出している。ぼくたちは空から自然が描く白い砂浜の芸術を鑑賞した。

ここからは上昇して南へ向かい、この日の宿であるブランプトン島をめざした。リンデマン島やティンスミス諸島といった小さな島の上空を通過する。これらの島は、日本はもとよりオーストラリアでも、観光地として紹介されておらず、ガイドブックにも載っていない。ところが、いくつかの島の中央には、航空地図にも載っていない砂利の滑走路があって、その周辺にコテージらしきものが何軒かあった。ただし人影が見えない。リゾート開発をしようとして挫折し見捨てられた島なのか、それとも大金持ちが個人で所有するような島なのか。おそらく後者であろうというのが、ぼくの見立てである。島一つを自分の別荘にして、自家用機かヨットで遊びにきて、俗世から隔絶した大自然の生活を満喫する秘密の島なのだろう。いや、これはぼく自身の見果てぬ夢なのかもしれない。

旅の終わりに考えたこと

ぼくらが向かっているブランプトン島は、日本のガイドブックにも掲載されているリゾート・アイルだが、よく知られた島というわけではない。直径三キロメートルにも満たない小さな島で、南海岸がリゾート・エリアだ。八〇〇メートルの滑走路がある飛行場があり、カンタス空港の一〇人乗り程度の小型機の定期便が就航している。リゾート・ホテルの協会事務所が航空VHF無線を持っており、着陸のアナウンスをして降りたら、駐機場まで予約しておいたホテルのシャトルが迎えにきてくれた。

ブランプトン島は亜熱帯の自然を、できる限りそのまま残したリゾートだ。ホテルのコテージの裏手を散歩していたら体長六〇センチメートルぐらいのオオトカゲがのそのそと歩いていたし、夕方七時になったとたん、裏手の森からは大コウモリが一斉に飛び立っていった。フライング・フォックスと呼ばれるこの大コウモリは、昼間は高い木の上で自分の羽に包まってぶら下がって眠っている姿を見ることができる。

まさに吸血鬼ドラキュラのシルエットをしていて、羽を広げると一メートルぐらいもある。こいつが凶暴だったら恐ろしいことこの上ないのだが、主食は果物で肉食ではなく、とても臆病な性格らしい。

森の木をよく見ると、緑色のアリが群れている。どうも葉っぱを食べるから体が緑色になるようだ。そのせいでビタミンCが豊富だからか、アボリジナル・ピープルは、このアリを食料にしていたという。うーむ、理解できないことはないので食べてみようかと思ったりしたが、試すのはやめておいた。

人懐っこいことで知られる小鳥のレインボー・ロリキートは、この島のいたるところに出没する。この体長一五センチメートルほどのインコは、嘴（くちばし）と胸がオレンジ色で、頭は青く、羽が緑色というカラフルな鳥で、テラスで食事をしているとテーブルの上に乗ってきてトーストを横からついばむ。ウェイターが下げていったカーゴの食器にも群がってコーヒーを飲んでいる。

しまいにはぼくがちびちびやっていたバンディ・アンド・ダイエットのグラスにも顔を突っ込んで飲もうとする。バンディ・アンド・ダイエットはカクテルで、バンダバーグというサトウキビ原料のオーストラリア産ラム酒をダイエットコーラで割ったものだ。アルミ缶のアルコール飲料にもなっていて、オーストラリアでは日本の缶チューハイ的に人気のあるカクテルだが、バンディ・アンド・コークとかバンディ・アンド・ペプシと言っても通じる。オーストラリアに駐在してから、ぼくのお気に入りのカクテルになった。

しかし、レインボー・ロリキートはこれがカクテルだと知っての相伴（しょうばん）であろうか。酔っ払ったロリキートは何色の顔になるのか。千鳥足のロリキートは乙なものだと思ったが、自分の飲み代を確保するのを優先して追い払った。

テーブルの上を黒い影がさっと横切ったと思ったら、息子の皿からソーセージを一本かすめ盗っていったのがオーストラリア独特のカワセミ科であるクッカバラである。たぶん日本名はワライカワセミという。ソーセージを咥えてテラスの柵にとまり、してやったりという顔をしている。そんな盗人みたいなことせんでも、ロリキートみたいに遊びにきたらソーセージくらいあげるのに。この鳥の鳴き声は、クカカカカカカァ！　とほんとに人間の高笑いのようだ。ドラマの水戸黄門を英語で吹き替えするなら、黄門様登場のシーンはこの鳥の鳴き声を使えばいいのにと思うくらいである。

この島では二泊をすごした。ここまで書いてきたように野生の動物とたわむれて楽しめるようになっているリゾートだったから、たしかに非日常的な楽しさを味わい思い出深い。

だが、この島から次の目的地であるロックハンプトンへ向かうために飛び立ったとき、鳥がらみでひやっとする出来事があった。離陸のために滑走路を加速中、極楽鳥が目の前に飛び出してきて、ぶつかりそうになったのである。極楽鳥は大型の鳥ではないが、パイパー・チェロキーとまともにぶつかったら、プロペラが曲がるなど機体に損傷をうけることは間違いないと思う。エンジン全開の加速中に機体が破損すればタダでは済まない。ジェット・エンジンが鳥を吸い込んでトラブルを起こすことをバード・ストライクというが、これは墜落事故に直結しかねない深刻なトラブルである。極楽鳥は美しい鳥だが、鳥は怖いとあらためて肝に命じた。

ところが、この日、今度はカンガルーが目の前に飛び出してきたのである。極楽鳥とぶつかりそうになって離陸し、二時間ほど飛んで、ロックハンプトンの航空地図に出ていない小さなエアストリップへ着陸したときだった。長さ六五〇メートルの砂利の滑走路にタイヤが着いたと思ったとき、目の前をカンガルーが横切った。体重八〇キログラムもある大型のカンガルーではなく、身長一メートルぐらいで体重四〇キログラム程度の中型カンガルーだったが、それでもこれとぶつかれば大事故になるところであった。今度はひやっとしたどころではなく、どきっとして慌てふためいた。離発着の操縦は細心を必要とするが、それればかりに気ととられていると、前方左右の視界確認がおろそかになってしまう。野生動物が飛び出してくる可能性のある滑走路では、よほど前方左右を注視しなければならない。

パイロットとして経験したくはないが、経験しておいたほうが身のための、からくも避けられた野生動物との接触事故を、一日に二つも経験してしまったのである。運がいいとかわるいとか、いろんな日やさまざまなシーンがあるのはわからないでもないが、こういう日があるとは思わなかった。

もう一九九七年の大晦日であった。二週間の楽しき飛行機旅行が終わろうとしている。ロックハンプトンで南の海のリゾート気分を満喫してから、ぼくらはゴールド・コースト経由でメルボルンへ帰った。オーストラリアに日本のようなお正月気分はないから、日常生活に戻った。一二か月先のクリスマス休暇を楽しみにして、また一年間をすごそう。

ぼくは二週間の飛行機旅行をやって、ほんの少しタフなパイロットになった気がしていた。

CHAPTER 5

オーストラリアン・パイロットの日々

あわや正面衝突

オーストラリア駐在が決まったときから、ぼくを悩ませていたのは英会話能力であった。

大学は推薦入学だったので受験勉強の英語は高校三年の夏でやめていたし、学生時代は理工系だったこともあって、気合いを入れて英語の勉強をした時期がない。駐在が決まってから会社の研修センターに三週間泊まり込みで英語の特訓をうけたが、それでもＴＯＥＩＣは七〇〇点がせいぜいであった。

メルボルンに駐在してみると、海外であってもそこは会社の事務所だからオフィス・ワークに困ることはあまりなかった。別の会社のジャンルのちがう仕事に放り込まれていたら多くの困難があったかもしれないが、会議や打ち合わせは会社用語と自動車技術の専門用語が多いし、しかも日本人駐在者と慣れ親しんだオーストラリア人のスタッフがフォローしてくれるからコミュニケーションの不足をおぎなうことができた。彼らスタッフはぼくの英語を理解してくれるし、ぼくにわかりやすい英語をつかってくれる。書類の読み書きは辞書を片手に時間をかければ仕事ができる。ＴＯＥＩＣ七〇〇点というのは　何とか困らずに仕事がスタートできる程度だと思った。

英語国民というのか英語をメインランゲージにするオーストラリアで生活して仕事をしていると、相手が喋るさまざまな英語を聞き取る力と、発音がわるいせいもあってか細かいところまで正確に説明して伝達する力が足りないことを、ぼくは痛感させられた。これが英語国民相手ではなく、たとえばスペイン語国民相手の英会話であったら、お互いに母国語ではない英語でコミュニケーションするわけだから、またちがった感想をもったと思う。

ニュージーランドでの雪上試験は、牧場の一部を借りたコースでおこなっていたが、その牧場のオーナーであるジョンリーさんとの英会話が通じないという情けない思いを何度も経験した。ジョンリーさんは生まれてこのかた六〇歳になるまで、この地で綿羊牧場一筋に働いてきて、観光客の日本人ですらほとんど見たことがないという人であった。当然のことながら日本人が理解しやすい英会話など知る由もない。挨拶やちょっとした世間話をジョンリーさんとかわすことはできた。しかしぼくがジョンリーさんへ仕事の相談を英語で話しかけたりすると、ジョンリーさんは困ったような顔をしてスタッフのグレンの方を見る。するとグレンが英語で、ぼくが英語で何を言ったか、ジョンリーさんへ「通訳」するのであった。グレンの話を聞いたジョンリーさんは大きく頷き、ぼくに向かって英語で何事かをしゃべる。しかしぼくにはジョンリーさんが何を言っているのかわからない。今度もまたグレンが、ジョンリーさんが言ったことを、英語でぼくへ伝えてくる。英語を英語で通訳してもらうという、まるでコントのような、ぼくにとってはやる瀬ない場面が三年間の駐在期間の最後まで続いた。

つまり何が言いたいかといえば、英語でのコミュニケーションにおいて、ぼくは絶対的に現地人の後を追う立場であったことだ。そこから現地人の方が正しい言葉を使っているという認識が大きくなっていった。それが固定観念になっていたのである。だから、こういう、とんでもない事故を起こしそうになった。

あの日はライセンスを取得して二か月ほどすぎた週末であった。いつもの自主練習でショート・フライトをしたあと、久しぶりにタイアブ空港へ立ち寄ろうと思った。あそこのペニンシュラ・エアロクラブのクラブハウス・ハンバーガーが旨いから、食べに行こうという腹積もりである。このパイパー・チェロキーを買いに行ったときにペニンシュラ・エアロ・クラブの会員になったが、ご無沙汰ばかりしているという理由もあった。クラブ員は離着陸料が無料だ。

ところがタイアブ空港へ向かうと、局地的な積乱雲がタイアブ空港にかかっていて、ほかのエリアは晴れているのに、ここだけは視界がよくなかろうと思えた。タイアブはC‐TAFなので五マイル（約八キロメートル）手前で、インバウンドのアナウンスをし、滑走路の真上一五〇〇フィート（約四五七メートル）でオーバーヘッドを宣言する。上空からウィンドソックを見ると、風向きは滑走路に直角からやや南向きだ。このため一〇〇〇フィート（約三〇五メートル）に下降しながら、左まわりサーキットでダウン・ウィンド・レグに入り、ランウェイ17に着陸することにした。

「チェロキー・エコー・タンゴ・インディア。ジョイニング・ダウン・ウィンド、フォー・ランウェイ・ワンセブン」

すると誰かが反応した。「セスナ〇〇〇。ダウン・ウィンド・ワンセブン」。誰かがセスナでランウェイ17に着陸しようとしている。

だが、目を凝らして見まわすが、それらしい機体が見えない。積乱雲で視界良好ではないが、ぼくの位置から滑走路の手前半分が見えていた。滑走路の奥半分は積乱雲の夕立で霞んでいて見えない。ぼくのその視界のなかに他の機体が見えないので、セスナは後方にいると判断してしまった。

「エコー・タンゴ・インディア。ターニング・ベース、ランウェイ・ワンセブン」と答えながら、左に旋回し、下降した。

セスナが言った。「セスナ〇〇〇。ベース・ワンセブン」。

しかし、ぼくにはセスナが見えない。どこにいるのだ。もし、セスナが反対側から、この滑走路に着陸しようとしているならば、それはランウエイ37である。だから「ランウェイ・スリーセブン」と言うはずだ。

「エコー・タンゴ・インディア。ターニング・ファイナル、ランウェイ・ワンセブン」

ぼくはさらに左に旋回し、滑走路を正面に見る最終的な着陸体制に入った。着陸地点の滑走路は見えていたが、その先は積乱雲がもたらす激しい夕立なので霞んでいる。

ぼくは「ランウェイ・ワンセブン」とアナウンスを続けるセスナを前方視界のなかで確認していない。だが、こういうアナウンスを続けるのだから、後方にいると信じ込んでいた。振り向いても確認できないのは、雲のなかにいるか、死角にいるのだろうと、信じ込んでいた。

「セスナ〇〇〇。ファイナル・ワンセブン」

レシーバーでその通信を聞いて「えっ！　着陸かよ！」と仰天した瞬間、目の前の靄のなかに前照灯が見え、ふいにセスナが姿をあらわした。何ということだ。セスナは反対側から着陸していたのである。

「エコー・タンゴ・インディア！　ゴーイング・アラウンド！」

とっさにぼくはスロットルを全開にし、タッチダウン直前で急上昇した。

間一髪！　セスナとの距離は五メートルもなかったかもしれない。急上昇で目の前のセスナをかわした。パニックに陥らず冷静に危機回避の急上昇をしたつもりだったが、心臓がバクバクしている。一瞬だけれど、頭のなかが真っ白になって、何が起きたのか、わからなかった。

正面衝突の大事故寸前だったのだ。ぶつかれば両方の機体がバラバラになって爆発し、相手のパイロットもろとも死んでいたかもしれない。

上空へ戻ると「しまった！」とぼくは正気づいた。「ワンセブン」とアナウンスしつつ、反対の「スリーセブン」へアプローチしてしまったのだと思った。飛んでもない正反対のミスをやらかしてしまったと思い込んだ。

いや、ほんとうは正気になんか戻っていなかったのだ。衝撃的な混乱状態はおさまっていなかった。「今度はミスしないぞ」と自分に言い聞かせて、再び「ワンセブン」をアナウンスしながら、セスナが着陸した「正しい方向」、つまりランウェイ37へアプローチしなおして着陸してしまった。

駐機をしてエコー・タンゴ・インディアから降りたぼくは、命びろいをしたことに安堵しつつ落胆していた。ぺしゃんこな気分だった。この顛末はペニンシュラ・エアロクラブのクラブハウスになかに流れているVHF無線で、そこにいるみんなが聞いていたはずだ。着陸する滑走路を間違えるだなんて、危険なパイロットであるとの烙印を押されたにちがいない。

だが、クラブハウスに入っても、誰も何も言ってこなかった。セスナのパイロットも、どこにいるのかわからない。えらい剣幕で怒られるだろうから、平身低頭でお詫びをする覚悟でいた。クラブハウスの雰囲気は妙に白々しかった。

ともかく気分をかえて落ち着こうと、お目当てのハンバーガーを頼んで食べた。食べると、ようやく少しばかり正気にもどった。すると「ちょっと待てよ」と頭のなかで声が響いた。何度も思い出して記憶を確認してみると、ぼくが最初に着陸しようとしたのは、どう考えても「ランウェイ17」だ。まちがえたのは、セスナのパイロットの方じゃないのか！

英会話は現地人の方が絶対に正しいという認識があったため、対向してくるセスナを見た瞬間に、反射的に自分がまちがえたと、ぼくは思い込んでしまったのである。ぼくの最初の着陸は正しかったのだ。しかし、誤解というか思い込みが発生したぼくは、「ワンセブン」と言いつつ「スリーセブン」に着陸するという大きなミスをしてしまった。

最終的にとんでもない危険なまちがいを起こしてしまったのだ。英会話コンプレックスと思い込みの両方がもたらす怖さを味わった。ため息が出て、逃げ場のない気持ちに襲われた。セスナのパイロットがまちがえたのは事実だが、重大な判断ミスをしたのは自分自身だ。意気消沈なんてものではなかった。

パイロットとして反省すべきなのはもちろんだが、自分自身の思考構造を見つめなおすしかなかった。辛い経験だったが、思い込みの思考停止をしてはいけないことを、自分自身に言い聞かせた。

だからといって英会話が上達するわけでもなかったが、コミュニケーションというものの基本を徹底して学んだ。英語の会話でも日本語の会話でも、わからないことがあったのなら確認しなければ、わからないまま危険なことになる。これは英会話でもパイロットの話でもなく、ぼく自身の生き方そのものに属する問題意識となった。それにしても大事故にならずによかった。いま思い出しても気持ちが汗ばんできて胃が痛くなる思いがする。

友だちのエア・ストリップ

『カントリー・エアストリップ・ガイド』という本を、ムーラビン飛行場のスカイショップでみつけたのは、パイロットのライセンスをとってから半年ほどすぎた頃だったと記憶している。すでに書いたがエア

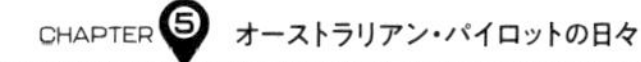

ストリップというのは、日本語では不時着用飛行場と訳されたりする、滑走路しかない飛行場のことである。

この本のタイトルは「地方のエア・ストリップ案内」とでも訳せばいいと思うが、ようするに公式の航空地図に掲載されていないエアストリップの案内書だ。気が利いた超訳をすれば「航空地図に出ていない飛行場案内」であろう。こういう飛行場がオーストラリアにはとても多い。航空地図に掲載されているエアフィールド、エアロドーム、エアポートの合計数の倍はあると聞いた。

この『カントリー・エアストリップ・ガイド』は見かけも中身も素朴な手作りのような仕上がりで、誰かプライベート・パイロットが「こういう案内書があったらいいな」と思い続けたあげくに、とうとう自分で編集発行してしまったと推測できる書籍である。たしかにプライベート・パイロットには大変に役に立つガイドブックだ。

一ページに一つのエアストリップが紹介されている。ページの上半分に滑走路の形態をあらわしたイラスト図があり、下半分にエアストリップの標高、緯度経度、滑走路の向きと長さ、路面の種類、夜間照明の有無や連絡先、注意書きが記載されている。本の冒頭で「正確な情報を記すように努力していますが、いかなる保証もないし責任もうけつけません」と宣言している。また最終ページは切り離して使えるファクシミリ通信紙になっていて「現地を訪れて、何か異なる点がありましたらご連絡下さい」と書かれている。いわゆる欧米の市民倶楽部的な、まっとうな自己責任が告げられている次第だが、ぼくはパイロットは自己責任で飛ぶものと心底から理解しているので、これほど大量の情報を提供してくれれば、それだけで十分にありがたい。

さて、この『カントリー・エアストリップ・ガイド』で知ったエアストリップのオーナーと友だちになったという話である。

第二章で書いた、機長として初めて飛んだグレート・オーシャン・ロードへの日帰りツーリングであるが、日本から友だちが遊びにくるたびに遊覧飛行する定番のコースになっていった。このコースを飛ぶとき、はじめの頃はグレート・オーシャン・ロードの東の入り口にあるアポロベイ町のエアストリップでひと休みするのがおきまりであった。ところが『カントリー・エアストリップ・ガイド』を入手して調べてみると、グレート・オーシャン・ロードのちょうどいいところにピーターボローの町のエアストリップがあることを発見した。名物中の名物である岩礁「一二人の使途」に近いので便利なのである。

そんな頃に日本からヨット仲間の友だちがメルボルンへ遊びにきていて、駐在事務所の同僚の三浦さんのところにもお友だちがきているというので、みんなでグレート・オーシャン・ロードへ遊びに行こうという計画がもちあがった。ぼくのパイパー・チェロキーは四人乗りだから、ぼくと友人と妻と息子が乗る。三浦さん夫婦とお友だち合計三人はクルマで行ってもらって、ピーターボローのエアストリップで合流する。そこで交替でチェロキーに乗ってもらえば、みんなが遊覧飛行を楽しめるという計画である。

『カントリー・エアストリップ・ガイド』によると、ピーターボローのエアストリップは全長六四五メートルの芝生だ。着陸には事前許可が必要だと書いてあったので、記載された電話番号に電話すると、オーナーであるジェフさんが出た。着陸の許可はすぐさまＯＫであったが、「何時に着陸するのか」という確認が念入りだった。「ハンガー（格納庫）の屋根に飛行機の絵が描いてあるから」それが目標だと伝えられて、電話連絡をおえた。

この飛行機ツーリングの当日は、おおむね晴天であった。時間のことが気になったので、最短距離になる内陸を飛んだ。さあ、もう少しで、グレート・オーシャン・ロードの海岸線に出るぞという、その二マイル（約三・二キロメートル）前あたりにピーターボローのエアストリップがあるはずだ。

このあたりは海岸線までつづく牧草地帯で、見わたすかぎりなだらかな起伏の草原が広がっている。いったん海沿いにあるピーターボローの町の上空までいったが、エアロストリップを発見できなかった。この町は二〇〇軒ほどの人家が入り江のまわりを囲んでいる小さな港町だった。だけれど、この町を二三五度の方角に見て一・三マイル（約二キロメートル）のところに存在するはずのエアストリップがさっぱりみつからない。ただ広大な牧草地が広がっているだけで、滑走路らしきものがない。時間は約束の一〇時を三分ほどすぎたばかりである。

「おかしいなぁ、このあたりのはずだ」とグルグルと三回旋回したとき、牧草地のなかにある小屋の横で手を振っている人影に気がついた。よく見るとその小屋の屋根には白ペンキで飛行機らしきカタチの絵が描かれている。これが思ったより小さく、直径一メートルぐらいの絵だった。さらによく見ると、その小屋から少し離れたところには地面に立てた物干し竿の先にストッキングがくくりつけられた風見の吹流しがあった。吹流しは英語でウィンド・ソックというが、まさかほんとうにストッキングを使ったものを見たのは初めてであった。ようやく09／27の方角に滑走路が確認できた。まわりの牧草地より少しばかり草刈りをしてあるように見えるので、これが滑走路なのかわかりづらかったのである。

着陸すると、先ほど手を振っていた大男とその娘さんらしい中学生ぐらいの女の子がホンダの四輪バギーにふたり乗りして走り寄ってきた。ふたりともオーバーオールのジーンズをはいた、見るからにファー

豪州大陸の空港案内。シドニーやメルボルンの国際空港から滑走路2本ぐらいの空港情報が掲載されている。しかし小さな個人飛行場は多すぎて網羅できない。

空港案内にあるムーラビン飛行場のページ。いついかなる時に見ても、たとえ緊急時でも、ひと目で情報収集ができるぐらい、わかりやすく情報だけが並んでいる。

マー親娘である。

「やぁ、君がジュンか！　よくきたな。オレがジェフだ」と言って差し出す大きな手が泥だらけであった。

「いつもはここに羊を放しているんだよ。今日は朝から移動させて、お待ちしていた」とジェフさんが言う。たしかに滑走路は鉄条網のフェンスで区切られていて、そのフェンスの外に羊が群れていた。いつもは羊を遊ばせている牧草地だが、飛来のお客があると羊をフェンスの外へ誘導し、滑走路になるというわけだ。だから事前の電話連絡と正確な着陸時間の伝達が必要だった。

『カントリー・エアストリップ・ガイド』には「着陸料が必要」と書いてあったが、ジェフさんは「無料だ」とほがらかに笑った。

「プライベートのパイロットからはもらっていない。商業遊覧の飛行機からはいただいているけどね。こうしていろんなところからやってくる人たちと話して知り合いになるのが、オレの楽しみなんだ。それで十分さ」

こういうところがオージーのおおらかさというものだと、ぼくは思った。静かに大地とともに生きているが、人嫌いではなく、むしろ初めて会う人に心をひらいて歓迎し、そして出会いを喜び、見知らぬ人との会話を楽しむ。

ジェフさんは、その日のぼくらの遊覧飛行のスケジュールを確認すると、さっそく世間話を始めた。「今日の空の状況はどうだい」という天気の話から、パイパー・チェロキーの話、そしてぼくら家族の話、ジェフさん家族の話など、とりとめない話をしばらく楽しんだ。そこに三浦さん一行がクルマで到着すると、三浦さんたちとにこやかに挨拶をかわす。何気ないけれど、気持ちのいい出会いの時間だった。「またいつでも来てくれよ」と、ジェフさんは娘さんを後ろに乗せた四輪バギーで去っていった。

そのあと、ぼくは何度かジェフさんのエアストリップを利用させてもらった。友だちを誘いグレート・オーシャン・ロードへの日帰りツーリングに便利なエアストリップだということは、もちろんあったが、ジェフさんの笑顔を見て、ちょっとしたお喋りするのが、ぼくの楽しみになったからだ。

それにピーターボローという町は、小さな漁港の町であるためなのだろう、フィッシュ・アンド・チップスが、大変においしい。

ワイナリーへ飛ぶ

ぼくの酒好きは、友だちたちに知れわたっているらしい。友だちの友だちに初めて紹介されるとき、たいていの人が「長谷川さんはお酒が好きだと聞いています」と言う。友だちがそういうふうに、ぼくのことを伝えているのは結構だが、友だちのほとんどが楽しき飲ん兵衛なので、ぼくだけをそうも言ってもいられないと思う。ちなみにぼくらが共同で所有するヨットの艇名は「サン・オブ・バッカス」だ。バッカスはギリシャ神話の酒の神様で、ぼくらはバッカスの息子である。

たしかにぼくは、何の予定もない休日の昼やヨットですごす週末に、ビールの小瓶を飲む。そんなふうに軽く一杯ひっかける感じで酒を楽しむのが好きだ。まちがいなくビール好きだが、食事のときはビールはすぐに腹がふくれるので、食後にビールをじっくりと楽しむことにしている。和食のときは日本酒、洋食はウィスキー、ジン、ウォッカといったスピリッツをちびちびとやるのが好みだった。

ところがメルボルン生活が始まると、この町の酒店にはビールとワインがずらりと並んでいるけれど、スピリッツがほとんどないので困った。しかもスピリッツの値段が日本よりはるかに高い。ジャックダニエルが日本の二倍以上の値段だった。この国でスピリッツといえば国産ラム酒のブランドがいくつかあるだけで、他のスピリッツはすべて輸入品だった。おそらく高い関税をかけられているのだろう。それで仕方なくワインを飲んだ。そうしたらワインのおいしさに目覚めてしまった。

それまでワインに親しんだことがなかったこともあって、甘くて軽い飲み物だとしか思っていなかったのである。とりわけ赤ワインが、どうしても肉類が多くなるオーストラリアの食事と乾燥したメルボルンの気候とあいまって、凄くおいしいことに気がついた。仕事帰りに酒店へ寄って、いろいろな種類の赤ワインを一本づつ買うという習慣がついてしまった。もちろん家で食事しながら赤ワインを楽しむためであった。ようするにオーストラリアのワインにハマってしまったのである。

こうして飲み始めたオーストラリア産のワインで、ブラウン・ブラザーズというメーカーのワインが、赤でも白でもいちばん口に合うと思った。これはペンフォールドと同じく、オーストラリアのワイン・メーカーのなかでも大手なので、どこの酒店にも、空港の免税店にも置いてある。

このブラウン・ブラザーズのワイナリーが、メルボルンから二〇〇キロメートルほど北方のミラワという町にあることを知った。よし行ってみようと空港ガイドを開くと、何とワイナリー専用エアストリップがある。空港ガイドのイラストによると、ブドウ畑のすぐ横にある滑走路は芝生で一〇〇〇メートルあり、ワイナリーが経営するレストランとホテルが隣接していた。パイパー・チェロキーで飛んできて下さいよ、と言われているようなものであった。

ムーラビン飛行場を離陸してから、ほぼまっすぐに北上し、いつものイースタンVFRルートで、メルボルン国際空港の管制圏を避けて、キルモア・ギャップを超える。順調に一時間ほどのフライトで、ブラウン・ブラザーズのエアストリップへと着陸した。

駐機場から一〇〇メートルのところにワイナリーのレストランがあった。ランチ・メニューはチキンの前菜とメイン・ディッシュのコースで、メイン・ディッシュは肉と魚のどちらかを選ぶ。前菜とメインに合わせたワインが、それぞれグラスで一杯ついてくる。ぼくは帰りにも飛行機を操縦しなくてはならないので飲むわけにはいかないが、ちょっぴり舐めるくらい味わうだけだ。いつもは飲まない妻は、前菜についてきた甘口の白ワインがおいしいと笑顔で食事を楽しんでいた。

ランチを堪能すると、レストランの裏手のワインセラー見学である。オーストラリアのワインは、まずワイン・メーカーの名前とブランド名が記されており、その下にブドウの種類が書いてある。多くの場合は産地名も記されている。これらにより、そのワインがどのようなテイストなのかがだいたいわかる。ブラウン・ブラザーズはオーストラリアで栽培されている代表的なブドウはみな揃っているので、ここで比較試飲というか一滴舐めるだけだが、ブドウの品種ごとに異なるテイストを知ることができた。

まずは白ワインでもっとも代表的なブドウがシャルドネだ。シャルドネはフランス語なのだろうが、オーストラリア英語では「シャドネー」と発音する。このブドウの白ワインは辛口で、すっきりと切れのいいテイストになると一般に評価されている。確かフランスの有名なシャブリも、この品種の白ワインだと記憶している。オーストラリアで白ワインを飲むなら、シャドネーを頼むのが無難だと思う。

次にソーベニヨン・ブランで、シャドネーに似たテイストだったが、香りが少なく、より淡白な感じがして、これがシャドネーより好みだという人も少なくない。それからリースリング。これはオーストラリアでは少数派で、甘味が強い、ドイツの白ワインのようなテイストだった。そしてセミヨンだが、爽快な芳香が強く、すっきりと切れがあるのに深みのあるテイストで、これはぴたりと口に合った。よくできたセミヨンは、シャドネーよりも味が楽しいとぼくは思う。

赤ワインの代表品種はカベルネ・ソービニオンである。これもフランス語なので、オーストラリア英語では「キャバネー・ソービニオン」と呼ぶ。どっしりと深みのあるフルボディのワインだ。肉料理やパスタのとき、ぼくはこの赤ワインを選ぶことが多い。メルローは、香りは高いが味は軽めの赤ワインである。色もロゼっぽいような半透明だ。この軽さが好みだという人も多い。同じ軽めならピノ・ノアールもいい。

そしてオーストラリアで大成功したという品種がシラーズである。キャバネー・ソービニオンよりも、さらにフルボディのコクがあるワインだ。ぼくは好きである。英語での説明ではよく「スパイシー」と書かれているが、これを読むと胡椒をふったような味なのかと思って、ひとり笑いが出そうになる。もちろん胡椒はふっていない。

帰りのパイパー・チェロキーのリアシートには、シャドネーとキャバネー・ソービニオンが一ダースづつ積んであった。我が家にワインセラーはないが、保管について問題はない。全部飲むのに三か月はかかるまい。

自家用飛行機でワイナリーへワインの買いつけに行くのはオーストラリア流である。ランチをいただきながらワインを試飲して選ぶ。日本では考えられない。

ワインは1本買いもできるが、たいていは箱買いである。飛行機まで運んでくれる。木陰ならず主翼の陰でひと休み。日差しは強いが乾燥しているので日陰は涼しい。

プロフェッショナル・パイロット

プライベート・パイロットのトレーニングを受け始めて一か月ほどがすぎたとき、インストラクターのジェームスから「家族連れで夜間の遊覧飛行をしないか。ロマンチックな飛行だよ。機体レンタル費用はぼくと折半で、半額払ってくれないか」と誘われた。

夜間飛行はパイロット・ライセンスを取得したあとのステージだから、ジェームスが操縦する機体に、ぼくら家族三人が乗るということになる。その時期は一つでも多くの飛行機体験をしたいと思っていたので即答でOKした。

夜間遊覧飛行をする当日の約束の時間にムーラビン飛行場へいくと、いつもトレーニングでレンタルしている単発のパイパー・ウォーリアより、やや大型で左右両方の主翼にそれぞれエンジンが搭載された双発機がスタンバイしていた。当時は小型飛行機の機種について詳しくなかったので何という機種かわからなかったが、いま思い起こせばあれはパイパー・セミノールだった。ウォーリアと同じ四人乗りだが、エンジンが二基なので最高速度は時速三六四キロメートルで一・五倍以上も速い。これは楽しみなワンランク上の機体選びだった。妻と息子を後部座席に乗せ、前席左の操縦席にジェームスが座り、ぼくは前席右のコパイロット席に座った。

飛行コースはムーラビン飛行場を離陸し、メルボルンの中心部であるシティ上空を飛んで、エッセンドン空港へ計器着陸して、タッチ・アンド・ゴーでムーラビン飛行場へ戻るだけである。

エッセンドン空港はシティ近くの北北西にある、昔のメルボルンの国際空港だ。シティ中心部からクルマで三〇分ほどである。一九二一年（大正一〇年）開港という歴史のある空港だったが、国際化のなかで拡張が必要になるが、すでに郊外住宅地にのみこまれていて騒音問題もあり拡張不可能ということで、国内線とチャーター便の空港になった。

いまのメルボルン国際空港は、エッセンドン空港から、さらに北北西へクルマで三〇分ほどにあるタラマリンに、一九七〇年（昭和四五年）に開港した。三六五七メートルと二二八六メートルの二本の交差する滑走路をもちターミナルが四つある大空港だ。

ジェームスが操縦し、ぼくら一家が乗ったパイパー・セミノールは、夕方にムーラビン飛行場を離陸し、シティの上空を飛んでエッセンドン空港へ向かった。片道三〇分もかからない飛行だ。メルボルン・シティの夜景は、赤や青や緑の派手なネオンサインなどないから、オレンジ色の街灯が灯るだけなのだが、これが飾り気がない美しさである。

ところがメルボルン国際空港のラッシュに重なったこともあって、エッセンドン空港への着陸が、国際空港の管制塔からすぐに許可されなかった。このあたりはメルボルン国際空港の管制圏なので、国際線と国内線が集中する時間帯だけではなく、国際空港の管制塔が四六時中きっちりとコントロールしている。着陸許可が出るまでシティ上空ではなくダンデンノン丘陵の黒々とした森の上空で旋回しながら待機する。

やがて許可が出たのでエッセンドン空港へ向かった。この日の夜は雲一つなかったので、遠くからでもエッセンドンの滑走路が認識できたが、ＩＦＲ（計器飛行）アプローチする。計器飛行をセットすると、地上に設置されたマーカー・ポイントを通過するたびに、ピーピーと計器が鳴って確認を要求してくる。最後にベースレグをまわると、ＩＬＳ（Instrument Landing System＝計器着陸システム）を見て滑走路をめざす。ＩＬＳのメーターは、十字架が切ってある計器のなかに仮想目標航路が映し出されていて、それに合わせて機体の姿勢をコントロールしていけばいい。ＩＬＳは視界のない雲のなかでも、これに従って降りていけば、雲の下に出たときには目の前に滑走路があらわれる計器である。

ジェームスはきれいなアプローチをみせて、エッセンドン空港のランウェイ17にタッチ・アンド・ゴーをし、そのままメルボルン・シティの横を通過してムーラビンへと帰還した。

初めての小型機夜間飛行を経験して、ぼくのパイロット・ライセンス取得の意欲は俄然と高まった。街の灯を眺めながら夜の大空をひとりで飛ぶ楽しみを早く味わってみたいと思った。双発機の安定感とスピードを体験できたのもよかった。妻と息子もちょっとしたメルボルンの思い出をまた一つもった。

だけれど、なぜジェームスは、ぼくら一家を誘ってくれたのだろう。トレーニング中のぼくに、夜間飛行や計器飛行といった高度な操縦の世界を見せて、よりパイロットへの関心を強めようとしているのか。さらに家族にもきれいな夜景を見せてパパの趣味への理解を促進させようとしているのか。どうして半額持ちで高価なレンタル料の双発機を借りてくれたのか。それらの疑問がわいたのは、この夜間飛行が実現したのはジェームスの親切心だけではないと、ぼくが感じていたからである。

次のトレーニングのときに、感謝の言葉をそえてジェームスにその話をした。すると彼は逆に「一緒に乗ってくれてありがとう」と答えるのであった。そしてジェームスから聞いた話はこうである。

彼はインストラクターの仕事をしながらエアライン・パイロットになる夢を実現しようとしている。エアラインはときおり社員パイロットを募集するのだが、それに応募するためには実績が必要なのである。その実績とは、たとえばＰＩＣ（機長）としての飛行時間が二〇〇〇時間以上とか、双発以上のマルチ・

エンジンの機体による夜間飛行の時間や計器着陸の回数などがあるそうだ。このマルチ・エンジンの夜間飛行と計器着陸の時間と回数は、多ければ多いほど有利であるらしい。

なるほど、そうだったのか。ジェームスはインストラクターをしながら飛行時間を稼いでいたのだ。そしてチャンスがあれば、誰かれを誘って双発機での夜間飛行を企画し、必要な実績を積んでいたのである。あとで知ったことだが双発のパイパー・セミノールは、エアライン・パイロットをめざす者のトレーニングに使われることが多い機体だった。また、二〇〇〇時間の操縦実績を稼ぐのは大変な努力が必要である。ぼくが自家用飛行機を買って週末と長期休暇に好きなだけ飛んでいたときは、それでも年間合計一〇〇時間であった。単純計算すると二〇〇〇時間に達するためには二〇年間もかかる。彼らエアライン・パイロット志願者は、それを数年で達成するらしい。

「エアライン・パイロットをめざしている奴はたくさんいる。飛行実績が規定に達しているからといって、それだけでは採用されない。すごく厳しい道なんだ」

遠くの夢をみる目をしてジェームスは言った。ぼくはそれから二年ほどメルボルンに駐在していたが、ジェームスがエアライン・パイロットになったという話を耳にすることは残念ながらなかった。しかしいまは夢が叶って、エアライン・パイロットになって飛んでいることがわかった。

たしかにエアライン・パイロットは誰もがなれるような仕事ではなく、適性ある者が実績を積んで、さらに運が良くなければなれない少数精鋭の仕事なのである。

この厳しい道にチャレンジしている女性パイロットに出会ったのもメルボルンにいたときであった。彼女はシェルリさんといい、正確な年齢は知らなかったが、若くきびきびと活動する小柄な女性で、二〇代前半に見えた。シェルリさんはタイアブ空港を運営するペニンシュラ・エアロクラブの唯一人のインストラクターであった。

ぼくの愛機だったパイパー・チェロキー・エコー・タンゴ・インディアは、このクラブの中心メンバーであるブッチャーさんから廉価で譲りうけ、そのときブッチャーさんに誘われてクラブの会員になったことは第二章で書いたとおりである。

ペニンシュラ・エアロクラブは活発に活動する趣味の市民クラブで、年に数回の合同ツーリングをやったり、クリスマス休暇にはタッチダウン・ゲームや爆弾落としゲームを楽しむ競技会を開催し、定期的に会報誌を編集発行している。二階建ての立派なクラブハウスがあり、週末には当番会員がバーカウンターを店開きする。ちなみにメルボルン郊外の民家は、土地が広いので平家が標準だから、二階建てのクラブハウスはランドマークそのものである。

ぼくがここのハンバーガーを目当てに、気が向けばタイアブ空港へ立ち寄ることは「あわや正面衝突」の項で書いた。ハンバーガーを食べるために飛んでいく以外の会員活動をやったことがなかったが、クラブの仲間は誰もがいつも素朴な笑顔で迎えてくれた。

そのような「ハンバーガー会員」のぼくに、シェルリさんを紹介してくれたのはブッチャーさんだった。さっぱりとした雰囲気のシェルリさんは、必要のないことを口にしない無口で、ときおり鋭い目をするが、愛想がないという人ではない。クールなのだが心を閉じているわけではないのだ。黙々と機体の整備をしているところを何度か目にしたが、根っからの飛行機好きらしく、きりりとしていて様子がいい。むさくるしいオヤジばかりのクラブではマスコット的な存在であった。クラブ員の自家用飛行機オーナーが必要とするフライト・チェックを、彼女が唯一のインストラクターとしてすべて担当していたし、彼女の操縦や整備の技術はもちろん存在にもみなが一目おいていた。

あるとき、彼女からアドバイスをもらおうと思って、こういう質問をしたことがある。

「今度ツーリングに行くんだけど、乗客をフルに乗せて燃料を満タンにすると最大離陸重量を三〇キログラムほど超過してしまう。超過させないためには燃料を四〇リッター抜く以外の方法がないよね。でも、その四〇リッターがあれば途中給油が一回少なくて済む計算になる。実際のところどうなんだろう。スペック上の最大離陸重量は悪条件とか性能のばらつきを考えて安全率がかかっているはずだから、三〇キログラム程度の重量超過は現実的な問題にならないと考えていいのでしょうか」

すると彼女は「最大離陸重量は絶対に超えてはなりません」と答えて、そのままスタスタと行ってしまった。このシェリルさんの反応をみて、バカな質問をしたことに気がついた。彼女はプロのインストラクターだ。「少しだったら最大重量を超えても大丈夫ですよ」なんて言うわけがない。

このことがあってからシェリルさんのクールなスタイルが益々いいとぼくは思うようになった。信頼が増したのである。しかしそれから何度かタイアブ空港へ寄ることがあったが、シェリルさんを見かけないので、どうしたのかと思っていた矢先に、クラブの会報で彼女の訃報を読んだ。彼女はパプアニューギニアでパイロットの仕事をしていたのだが、視界不良の日の飛行中に、山にぶつかって死んだと書いてあった。

同僚のグレンに、シェリルさんが事故死したという話をすると「それはよくある話だ」と言うのである。グレンはこのあたりのパイロット事情に詳しかった。

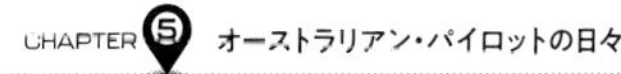

パプアニューギニアはオーストラリアの北の南太平洋の島国だ。山国と言っていい複雑な地形で、陸路で達することが難しい山間部の村がたくさんある。そのために小型飛行機が、クルマやバスやトラックのように、日常生活の交通機関として便利に使われている。だが、熱帯に属するパプアニューギニアは天候が変わりやすく、予期しない雲が発生しやすい。地元のベテラン・パイロットですら、雲にまかれて山にぶつかり命を落とすことがたびたびあるそうだ。

しかしエアライン・パイロットをめざす若者はパプアニューギニアへ行きたがる。パイロットの仕事がいくらでもあるから、行けば毎日のように飛べて、飛行時間などの実績がどんどん稼げる。「でもね、三年後に生きて帰ってこれるかどうかはわからない。そういう場所なんだよ」とグレンは言った。

飛行機が大好きだったシェリルさんも、エアライン・パイロットをめざしてパプアニューギニアへ渡ったのだろう。志（こころざし）は道なかばで潰（つい）えたが、やりたいことにチャレンジし、最期まで飛行機に乗りつづけられたことは彼女にとって幸せだったにちがいない。

エアラインのコクピット見学

オーストラリアのメルボルンとパースを結ぶエアラインの夜行飛行機便は、出張族の間で「レッド・アイ・フライト」と呼ばれている。「赤い・目の・飛行機便」である。赤目とは睡眠不足の寝ぼけまなこのことだ。

というのは、メルボルンとパースは約二七〇〇キロメートル離れているのでジェット旅客機の飛行時間は約四時間だが、国内なのに時差が二時間もあるからである。東のメルボルンから西端のパースへ飛ぶのは楽なのだが、反対にパースからメルボルンへ向かうと、真夜中に出発してちょっと寝たと思ったら、すぐに朝のメルボルンに到着することになる。時差で時間感覚がズレてしまった乗客が寝不足の目をこすりながら降りてくる姿からレッド・アイ・フライトというあだ名がついた。

ぼくが出張でこのレッド・アイ・フライトに搭乗したのは、パイロット・ライセンスを取得したばかりの頃であった。一九九七年の九月か一〇月だったと記憶している。

メルボルンを飛びたつと、すぐに機内食が出た。食事が終わって間もなく、隣に座っていた同僚のグレンが女性の客室乗務員と何か話している。しばらくすると彼女が戻ってきて「さぁ、どうぞ」と言った。どうしたんだとグレンに聞くと「この同僚のジュンがパイロットライセンスを取ったばかりなので、コクピットを見せてやってほしいと頼んだら、機長の許可が出た」と彼は答えた。

エアラインのコクピットを見学させてくれるとは知らなかった。彼女の案内でグレンとふたりでコクピットへ行くと、機長と副機長が「やあ、よくきたね」と迎えてくれた。

「このボーイング767-400型は最新の機体（一九九七年当時）で、新設計のコクピットになった。いままでの機体とはぜんぜんちがう」と機長が説明してくれる。

たしかに操縦席の正面にある計器盤は、LEDの大型モニターが二つ三つあるだけで、チェロキーやセスナのような古い機体のアナログの計器がところ狭しと並んでいる計器盤とはまったくちがう。操縦に必要な情報は、このモニターを切り替えることで表示できるデジタルの計器盤である。レーダーの画面とかナビゲーションの画面とか、いくつか切り替えて見せてくれた。いかにもハイテク機だ。まるでSF映画に出てくる宇宙船のようなコクピットである。

オーストラリア人の機長も副機長も気のいい人たちで、新米のぼくをパイロット仲間と認めてフレンドリーに話しかけてくる。

「ジュンの飛行時間は、いま何時間」「ライセンス取って中古の機体を買ったばかりで、まだ八〇時間ほど」「どこのフライトスクールだったの」「メルボルンのムーラビン空港のペーター・ビーニです」「知っている。あのスクールだったら大丈夫。しっかり技量がついているよ」。機長はペーター・ビーニ・アドバンスド・フライト・トレーニングを高く評価しているのだが、自分が褒められているようで嬉しくなった。偶然にせよ、いいフライトスクールを選んだものだ。

「プロのパイロットになりたいと考えているのかな」と機長は質問を続けた。

こういう質問が、オーストラリア人と日本人のギャップというものだ。機長のこの質問は、パイロットの腕を磨いて転職する計画があるのか、ということだ。当時のぼくは三二歳だったが、オーストラリアでは東洋人が若く見られがちだから、二〇代後半に見えただろう。だから転職するのか、ということになる。オーストラリアでは転職する人が珍しくない。むしろ転職ができる人は有能で積極的に生きる人と思われているらしく、少なくとも転職をした人を甲斐性無しだと見下すことはないようだ。しかしぼくは「終身雇用の国」からきたサラリーマンの駐在員なのである。いまの若い人たちはキャリアを積むために転職するのが当然と考えるだろうが、ぼくが若手の時代の日本社会はそうではなかった。新卒で入社した会社で働き続けて定年退職するのが「常識」だった。

ただしぼくが、こういう転職がらみの質問に対して敏感に反応するのは、転職経験者だからだ。自動車商品を研究開発するエンジニアであることは同じだが、自動車メーカー会社を変わっている。前の会社には新卒採用で入社したが自主退職し、いまの会社は中途採用入社なのである。ぼくが若手時代の自動車メーカー業界では、こういう働き方をする人はゼロではなかったが少数だった。終身雇用が圧倒的な多数派であった。

そのようなぼくでも、機長から「プロになるのか」と質問されると、そんなことは考えてもいなかった自分に気がつく。そういう発想すらなかった。

「いや、もともと趣味として始めたものだし、それも駐在員としてオーストラリアにいる三年間だけだと割り切っている。日本で自家用飛行機が買えるのは大金持ちか大会社だけらしいから、やりたくてもできない現実がある」

「そうなのか。となればオーストラリアで十分に楽しめばいい」。機長はものわかりがよかった。機長だって金銭的な苦労を重ねてエアライン・パイロットになったのだろう。

そういう話をしながら、ぼくは機長と気持ちが通じ合っていくのがわかった。そこで大事な質問を、一つしてみようと考えた。

「実はいま、家族旅行でタスマニアへ飛ぼうと計画している。ぼくのパイパー・チェロキーは単発機だから、これで海峡を渡るなんて無謀だろうか、判断がつかない。先月に日本へ帰ったときに日本のエアラインの日本人パイロットに会う機会があって、同じことを質問したら、万が一のことを考えて計画を中止すべきだと言われた」

すると朗らかだった機長の顔が厳しい表情になった。

「ジュン、単発機で海を渡るのなんか当たり前だ。私はエアライン・パイロットになるまでに単発機でタスマニアへ五〇回以上も飛んでいる。ただし機体整備と気象チェックは、いつも以上に念入りに何度かやることだ。人間はミスをするから、何度もチェックする必要がある。そして離陸したならば、安定した適切な操縦操作をする。つねに状況を把握し、予測し考えて、急な変化にそなえておく」

「イエス」とぼくが首を縦に振ると、機長は続けた。

「経験のないパイロットが単発機で海峡飛行をするのが危険だから止めろと言っていたら、パイロットとして大切な経験を積むことができない。安全に飛びたいのであれば、パイロットの経験値を上げていくしか方法がないのさ。それが安全性を向上させるということだ。万が一を考えるからこそ、機体整備にも気象チェックにも操縦にも入念さが増す。そうするとちょっとした異常にも気づくようになるものだ。私はそうやって飛行経験を重ねて、五〇〇人以上のお客さんを安全に運ぶエアラインのパイロットになれた」

その通りだとぼくは思った。無謀な賭けではないのだから、しっかりと計画して慎重に実行すればいいのである。そのことを悟った。この相談話のオチは、機長のこんなカッコいいセリフで締まった。

「タスマニアは美しいところだよ。帰りにキング島にも寄るといい。あそこのチーズは旨いぜ」

そのうち機長と副機長がふたりとも、ぼくたちの方を向いてしゃべり始めた。つまり脇見運転どころではなく、振り向いたまま話している。時速八〇〇キロメートル以上のクルージング・スピードで飛行しているのだから、前を向いて操縦しなくていいのかと、驚きつつ心配になった。ぼくの驚いている顔がわかったらしく、機長が説明してくれた。

「いまはオート・パイロット（自動操縦）で飛んでいるし、他の飛行物体があればレーダーが感知してアラートを発するので、こうやって振り向いて話していても操縦を放棄しているわけではない。しかも現在の航路を、この時間帯に飛ぶ機体は、ぼくらの機体しかないし、他の航路と重なっていないから航空管制の対応もほとんどない」

そう言って機長は笑顔を浮かべた。最新鋭ハイテク・ジェット旅客機はときと場合によって、数分間ぐらい目を離して操縦しても安全なのであった。

このとき以来、ぼくは味をしめた。エアラインに搭乗すると必ず、キャビン・アテンダントへプライベート・パイロットであることを告げ、機長へコクピット見学を許可してほしいと伝えてもらうことにした。いい時代だった。多くの場合、機長はコクピットへ招待してくれた。今日は副操縦士の訓練を兼ねているのでちょっと対応できないと断られたのが一度あるきりだ。

名古屋空港着陸コクピット体験

オーストラリアのエアラインで、シドニー経由名古屋空港行きに搭乗したときのことである。ボーイング747-200型であった。いまは懐かしいジャンボ・ジェット旅客機である。

いつものようにコクピット見学を申し出ると、ニューギニアのサンゴ礁の上空を通過しているときに、機長からコクピットへ招待された。いつものように楽しい時間をコクピットで過ごさせてもらうと、機長が思いがけない提案をくれたのである。

「名古屋空港へ着陸するときもコクピットへいらっしゃい。君はパイロットなのだから、いまみたいにオ

ートパイロットでまっすぐ飛んでいるのは面白くないだろう。今日は副機長が初めて名古屋空港の着陸を経験する。彼へ名古屋アプローチの基本的なことを説明しながら着陸するから、君もきっと勉強になるだろうし、何よりも楽しめるよ」

そろそろ名古屋空港に着陸するタイミングで、ぼくは再びコクピットに招待された。

７４７‐２００型のコクピットは、正面左に機長の操縦席、右に副機長の操縦席があり、副機長の後ろに機体の外側を向くポジションで航空機関士席がある。コクピットクルーはいつもこの三人一組だ。機長の後ろに引き出し式の補助席があって、そこに座るように指示された。副機長がヘッドセットをぼくに与えてくれ、四点式のシートベルトを占めて補助席に座った。

機体はすでに下降中で、コクピットクルーはすでに着陸に向けた一連の作業中である。ニューギニア上空のようなのんびりとした雰囲気とは打って変わってピリリとした空気がコクピットにみなぎっている。とても話しかけていい雰囲気ではない。

この機体は最新型ではないのだなと思ったのは、計器盤がアナログメーターで埋めつくされていたからである。最新鋭機だったらデジタルのマルチ・モニターだが、この計器盤にある各種のメーターは、ぼくのチェロキー・パイパーに計器盤にあるメーターとほぼ同じであった。計器盤のレイアウトもよく似ている。ちがうのは７４７‐２００型が四基のエンジンを配置しているので、パイパーの計器盤が四つあるような大型計器盤だというところだ。

名古屋空港の管制塔からくるＡＴＣ（航空交通管制）がおもしろい。いかにも日本人が喋っている英語であり、これがぼくにはたいへん聞き取りやすい。

「カンタス・セブン・ナイン。ディセンド・ナイン・サウザンド・ファイブ・ハンドレッド・アンド・ターン・ゼロ・ツー」とカタカナに聞こえる。

だが、ジャパニーズ・イングリッシュ・カンバセーションに慣れていない副機長は聞き取れなかったのか、機長の方に「管制塔は何と言ったのですか」というような援助のまなざしを向けた。そうすると機長は「Descend nine thousands five hundreds」とオーストラリアン・イングリッシュで復唱するのだ。コクピットには同じことを言っている二種類のイングリッシュが響きわたる。これぞ名古屋空港上空の国際空間というものだ。

そうこうしているうちに、機体は真っ正面にある滑走路へ向かってファイナル・アプローチに入った。夜七時を過ぎていたので、すでに陽は沈んだ名古屋郊外の町は、メルボルンとは夜景の色がちがう。メルボルン郊外はオレンジ色の街灯しか見えないのに、名古屋郊外のそれは白や赤や青が入り混じっている。なかには点滅しているものもある。街灯と信号、そして幹線道路沿いの看板だったりパチンコ屋や大型店舗のイルミネーションであった。

着陸し、航空交通管制がタワー（管制塔）からグランド（地上管制席）へと切り替わる。ターミナルのウィングへ向かう進路はタクシー・ウェイというが、それはブルーの誘導灯で案内される。道が枝分かれしているところには分岐点の記号が看板で示されている。ぼくたちの機体は「ウィスキー・セブン（W－7）を右に曲がれ」という指示をうけた。副機長は空港地図を膝の上に置いて外の看板を見ながら「ウィスキー・セブン、ウィスキー・セブン」と唱えながら探していたが、「あっ、ここだ」とあやうく見逃しそうになってウィスキー・セブンを右へ曲がった。そして無事に指定の位置に到着することができた。

こうして誘導灯や看板を確認しながら心もとなくタクシー・ウェイを進んでいくのは、ぼくが初めて着陸する空港でやるのとまったく同じであった。こういう仕事ぶりを見せてもらうと、エアラインのパイロットに親しみを感じる。ありがとう、楽しかったよと握手をして、ぼくはコクピットから客席に戻って機外へ出た。

名古屋空港からメルボルン空港へ帰るときは、経由地のオーストラリア・ケアンズ空港へ着陸するエアラインのコクピットへ招待された。このときは未明のケアンズ空港上空に小さな積乱雲がかかっており、計器着陸になった。雲を通過するとき機体のまわりで稲光がピカピカと光り、大粒の雨がフロント・ウィンドを叩いた。雲と雨で視界がわるく垣間見える滑走路の誘導灯へのアプローチは、コンピューターのフライト・シミュレータで見る景色そのものでありとても面白かった。

また別の機会では、日本からの出張者とオーストラリア国内線に搭乗したときに、シドニー空港へ夜間着陸するコクピットに招待されたことがあった。

最初は水平飛行時にコクピット見学が許されたのだが、その出張者が大喜びしたので、シドニー空港に着陸するときも見せてやってほしいとコクピット・クルーへお願いした。すると機長は「英語のコミュニケーションがとれるか」と彼に質問した。彼が「少しだけなら」と答えると、機長は「では、ジュンも一緒にコクピットにいるという条件で許可しましょう」と言った。何かあったときに指示に従ってもらわないと困るので、通訳役のぼくがいれば許可するというわけである。

しかしぼくは、どこに座ればいいのだろう。たしかエアラインは乗員全員が座ってシートベルトを締めた状態で離着陸しなければならない規定があったはずだ。だが、コクピットの補助席は一つしかないと思う。そのことを機長に質問すると、機長は「もう一つあるんだよ」とコクピットと客席を隔てるドアを指さした。そこにキャビン・アテンダントが離着陸するときに座るのと同じ引き出し式のシートがあった。こうしてぼくたちふたりはコクピットでシドニー空港への夜間着陸を見学させてもらった。その出張者は「生まれて初めての凄い経験をした」と興奮して喜んでくれたことは言うまでもない。

ここまで書いてきたエアラインのコクピット招待の思い出は、すべてオーストラリアの航空会社の話である。実はオーストラリアと日本の行ったり来たりは日本のエアラインも利用している。そういうときもコクピット見学を希望すると、たいていは許されるのだが、キャビン・アテンダントが説明しながらずっとつき添っていて、コクピット・クルーに話しかけるのはご遠慮いただきたいという雰囲気であった。しかも記念写真を撮ったら、それで見学終了というコースになっていた。

そのときに知ったのだが、日本とオーストラリアを往復する日本のエアラインのフライト・エンジニア(航空機関士)は、提携するオーストラリアのエアラインから派遣されているエンジニアだった。なるほどリスク回避のための万全の対策なのだが、何をリスクとして、どのようなプライオリティをつけて対策をほどこしているのかは、各国のエアラインそれぞれで独特なのだろうと思った。

ぼくをコクピットの補助席に座らせて着陸したりするエアライン・パイロットがいる会社と短い見学だけを許す会社。オーストラリア便にはオーストラリアのフライト・エンジニアを勤務させる会社とオーストラリア人だけのコクピット・クルーでやっている会社。こういうことは国柄や社会の成り立ちのちがいというか、文明や文化のちがいとしか言い様がない。国が変われば言葉がちがうように、あきらかにちがうのである。

このようなコクピット見学の経験を、日本の航空機ファンが集うインターネットのウェブサイトで発言したことがある。その反応が興味深かった。「いい経験ができて、よかったですね」という共感してくれるコメントが多かったが、そればかりではない。「乗客をコクピットに入れるなんて言語道断」「他の乗客を危険にさらしている」「この航空会社には絶対乗りたくない」といった批判のコメントがいくつか寄せられた。

人の意見は十人十色だなと思う。どっちが正しいとか間違っているという話ではない。どっちが好きか嫌いかという問いみたいなものだ。よいもわるいもなく、考え方のちがいである。最終的には生き方のちがいになるかもしれない。一つだけぼくが言っておきたいことがあるとすれば、規定や規則を厳しくして守っていれば安全かといえば、そうではないと思うことだ。機体の運航のすべての責任を負う機長は、規定や規則を守ることだけが仕事だと考える人ではなく、誇り高きプロフェッショナル機長として自分で考えて判断する尊敬される人であってほしい。

だが残念無念なことに、ある大事件が発生したことで、このコクピット見学についての航空ファンの論争は、いまや意味をなさないことは誰もが知っている。

二〇〇一年（平成一三年）九月一一日。アメリカで四機のエアライン・ジェット旅客機がテロリストにハイジャックされ、自爆テロによりおよそ三〇〇〇人の尊い命が奪われ多くの人たちが負傷した。この痛ましい同時多発テロ事件の詳細については、いまさら記すこともないだろう。こうして書いているいま、ぼくは鎮魂の黙祷を捧げる。

テロリストたちは、民間のフライト・スクールで操縦の基礎を身につけたと報道された。まさかハイジャック決行のときも、自分はプライベート・パイロットだと言って乗員の警戒心を緩め、コクピットに入り込んだのだろうか。人さまの頭上を飛ぶ飛行機のパイロットが学ぶことは、どんなことがあっても人さまの命を守る操縦技術であったはずだ。そのような思いはテロリズムに対して何の意味もないのはわかっている。だがぼくはプライベート・パイロットであるまえに、ひとりの人間として書いておきたい。

この事件により、エアラインの旅客機のコクピットの扉は厳重に閉じられ、乗客がコクピットを見学することは一切許されなくなった。二度とありえない古き良き素晴らしい飛行体験の思い出を書いた。

メルボルン大阪カップ

一九九九年（平成一一年）四月は、メルボルンに駐在していた三年間のうちで、いちばん心が騒いだ春であった。毎日の仕事は充実していたから気がせくようなことはなく、そもそも仕事はそわそわとした気分でやるものではないだろう。エネルギッシュかつクールに、そして開放的な姿勢で取り組めばいいと思っている。

ぼくの気持ちを昂らせていたのはプライベートの趣味の時間であった。元来ぼくは、仕事は仕事、趣味は趣味と、きっぱりと割り切ってやるバランス主義だ。そういうわけで、このときばかりは心おきなく趣味を楽しむというか、有給休暇を投入して趣味に没頭した春であった。

何しろ国際ヨット・レースの「メルボルン大阪カップ（正式名称Melbourne to Osaka Double Handed Yacht Race）」が、メルボルンからスタートするのである。

ぼくが仲間と共同でヨットを所有していることは何度か書いてきたので、ご理解いただいているだろう。この一冊の本には飛行機のことばかり書いてきたが、ヨットについて書けばもう一冊本ができると思うぐらい、ヨットが好きなのである。いまもヨットを楽しんでいる。

そのヨットのメルボルンと大阪をむすぶ大レースがスタートする。ヨットを愛好するぼくの夢は、レースに出場して勝つことか、世界各国をめぐる長い航海に出ることだが、メルボルン大阪カップにはそのすべてがある。日本からも四艇のチームがエントリーしている。日本から遠征してくる同胞チームを歓迎し応援するのは、メルボルンにいるぼくの役目ではないかと勝手に思い込んだ。さらにパイパー・チェロキーで空から観戦し応援するという計画がぼくの頭のなかで浮上した。ヨット・レースを自家用機で空から観戦するチャンスはいましかないだろう。こうしてヨットと飛行機がセットになる大イベントが目前に迫ってきたのだから、ぼくの気分が夏休み前の少年にように浮かれだしてもお許しいただきたいと願う次第だ。

実際問題あのときの四月を思い出すと、いまもいささか心が昂るが、冷静になってメルボルン大阪カップについて説明するのを忘れてはいけない。このヨット・レースは一九八七年（昭和六二年）から始まった。メルボルン市と大阪市は一九七八年に姉妹都市になり、大阪港の開港一二〇周年を記念してヨット・レース開催が決まったという。

メルボルンと大阪が姉妹都市だと知ると、歴史的に栄えた現在はその国の第二の大都市という共通点が思い浮かぶが、実は一九七二年からメルボルン港と大阪港が姉妹港だった縁からの姉妹都市提携であったと聞いた。港と港の縁だからヨット・レースとなったのだろう。おおよそ四年に一度のわりで開催されていて、この一九九九年は第四回大会であった。

出場できるヨットはダブルハンドである。ダブルハンドとは乗員を二名に限るということだ。メルボルンから大阪まで地球を縦に半周する太平洋縦断コースを、ふたりだけで帆走しスピードを競うのだから、強烈にタフなレースだ。速いヨットは三〇日あまり、トラブルなどで遅れてしまうと五〇日ほどでゴールする。南半球の秋であるメルボルンの四月にスタートし、常夏の赤道を通過して、春の終わりの五月か六月の日本にゴールする。季節の移り変わりを楽しめるレースでもある。今回は総勢一七艇がスタートする。

ぼくはインターネットのヨットのサイトの常連でもあったので、メルボルン大阪カップに出場するチームのみなさんと知り合いになっていた。もちろんメルボルンにおけるお世話係を申し出ていた。

出場するクルーのみなさんは多士済々の猛者揃いであった。なにしろ日本からこのレースに出場するのだから、少なくとも半年の時間を捧げる必要がある。サラリーマンであれば会社を辞めてチャレンジするしかないであろう。大海原をふたりで帆走していくのだから、主催者からのサポートがあるにせよ命の保障がない。よっぽどの覚悟がなければスタートラインに立つことはできない。だからこそ、実にユニークで魅力的な人たちが集まる。日本からエントリーしたチームを紹介しよう。

競技ナンバー15は大阪北港の天神玉子丸だ。スキッパー（船長）はまだ若干二十歳の久松誠君で、オーストラリア人マジシャンのジミー・ドアティさんと組んで参戦する。船は前回の大阪カップでクラス優勝したオーストラリア製の快速艇がそのまま日本で売却され、国内のレース・シーンで活躍していたものを、今回の参戦のために生みの親であるメルボルンの造船所に送り返して大改造をほどこしていた。

久松君は日本でこの船のクルーをやっていたが、今回のレース終了後は実家のお寺を継ぐ修行に専念する約束で出場を許されたそうだ。彼はレース・スタートの二か月前から、メルボルンの造船所での改造作業を手伝っていたが、オーストラリア人のおおらかな作業ペースのために、時間が足りなくなってやきもきさせられた。

艇体の改造が終わって海に浮かんだのがスタートの一週間前であり、セイル（帆）が届いたのが二日前、キャビン入り口まわりを覆うドジャーというパーツの取りつけに業者がやってきたのが前日なのである。久松君たちはスタート当日まで眠る時間を削って昼夜をとわない連日の作業をしていた。見るに見かねたぼくは手伝いを申し出て、通信設備の配線作業を担当した。スタートの朝に心配だったので天神玉子丸を訪ねたが、船はいたるところ足の踏み場もないくらい散らかったままであった。よくこれでレースをスタートできたと思う。この船が無事に外洋へ乗り出していくのを空から目撃したときは感動的であった。

続くナンバー16は鹿児島のルナ・プロミネンスだ。鹿児島で外科医をやっているお兄さんと、埼玉でコンピュータ・ソフトの会社を経営されている弟さんの、宇都さんご兄弟のチームである。おふたりとも三〇代半ばであろう。

このレースに出場するほとんどのチームのヨットは、それぞれホーム・ポートから、スタート地点のメルボルンまでクルージングして集まるのである。ルナ・プロミネンスは前年の一一月に鹿児島を出発し、小笠原、グアム、インドネシアの島々、オーストラリアの東海岸をクルージングしながら半年ちかくかけてメルボルンをめざした。

この半年の航海は、たとえばグアムに着くと長期滞在して、飛行機で日本へ行ったりきたりするやら、グアムで降りるメンバーがいるかと思うとグアムで合流してくるメンバーがいるというふうに、多くの仲間が参加した文字通り風流なクルージングだったらしい。メルボルンでレースのスタートをしたときも、メルボルンでストップ・オーバーしたごとく、往路回航のクルージング・モードがそのまま維持されていて、楚々たる様子で再び外洋へと旅立っていった。

大阪からやってきた、その名も浪速は、ナンバー17である。艇名のとおり大阪で生まれたコテコテなオトコたちのチームだ。共同経営の会社を相棒に譲ってやってきた松浦さんと、自衛隊のパラシュート部隊を辞めて参加した瀧本さんのペアである。この船も往路回航のクルージング・モードが維持されていたので準備に不安はなかった。

松浦さんが、海の上で餃子が食べたいというので、メルボルンではめったに手に入らない冷凍餃子を中華食材の店を駆けずりまわって手に入れスタート前に差し入れた。ところがスタート直後のバス海峡の大時化で、船の冷蔵庫の中身は冷凍餃子もろともすべて床に飛び散り、海水と混ざってグチャグチャになり結局は食べられなかったようだ。松浦さんには、南太平洋あたりのアイスブルーの海の上で、刺すように光輝く太陽のもと、乙にかまえて餃子をカリカリに焼いてラッキーアワーに食べてほしかったが、こういうアクシデントが突発するのが大自然をフィールドとするレースの掟というものだ。

どのようなトラブルがあっても人生の粋狂としてうけとめてしまう松浦さんは根っからのタフガイで、数年後にシングルハンド（ひとり乗り）で大西洋を横断するレースに参加するために、ヨーロッパに向かって全長わずか六・五メートルのヨットで航海中、東シナ海で暴風雨に遭遇する。船が損傷して沈没し、体一つの二五時間の漂流をものともせず、フィリピン海軍に救助されて生還している。こういう強靭な人でなければ、外洋の長距離レースに出場したいと言い出さないだろう。

ナンバー18は熱海の名艇ラッキーレディである。この船は一九九〇年の荒れに荒れたグアム・レースで総合優勝したことで、熱海にラッキーレディありと、その名が一躍有名になった。二艇が沈没し大量遭難者を出した荒天のレースに勝ったヨットなのである。

今回、ラッキーレディーが出場するにあたって、すでに興味深い物語が一つ生まれていた。実はラッキーレディは、このレースとは関係なく、オーストラリアの製造元ドックで修理をうけていたのである。その修理が終わり、日本への回航を画策している最中に、レース出場が決まったのであった。

船舶というのは、ちょっと大きくなるともうトラックや貨物船で運べない。とくにヨットはマストをたたむことができないので、小さなヨットでも背の高い大荷物になってしまうから、移動させるとなれば水上移動の回航以外に方法がない。船舶の回航は、その船のオーナーやクルーがやれない場合は、プロの船乗りに依頼するものだ。このラッキーレディの場合では、たとえば日本からプロのヨット乗りが飛行機でオーストラリアまで行き、日本へ乗って帰る仕事になる。この回航にかかる経費や報酬は、太平洋縦断という長距離で、一か月間以上の長時間の仕事だし、危険手当もあるだろうから、それなりの金額になってしまい安くはない。だが、ラッキーレディでメルボルン大阪カップへ出場するからレンタルしたいというチームが出てきたら、どうなるだろう。ラッキーレディのオーナーであれば、そのチームが信頼できるのなら、では格安でレンタルしますからレースがてら日本へ回航してくださいということになるはずだ。そういう話がラッキーレディにふってわいた。

ラッキーレディをレンタルして、メルボルン大阪カップに出場することになったのは、伊勢湾で活動する有名なシャングリラ・チームのふたり組みであった。二六歳の寺川智子さんと六二歳の丹羽徳子さんである。日本からチャレンジするチームのなかで唯一の女性チームだ。
シャングリラ・チームは旺盛なクルージング活動が中心で、レース一筋のチームではないが、このふたり組は充分な参加資格を誰からも認められているほどの腕前があり、丹羽さんは大ベテランと呼ぶにふさわしいヨット乗りである。寺川さんはスキッパーを任されているほどの腕前がある。

一九三六年（昭和一一年）生まれの丹羽徳子さんは、大学ヨット部で人生の伴侶となる丹羽由晶さんと出会い、由晶さんと結婚後はご夫婦でヨット造船の株式会社チタを興して経営されていた人だ。この株式会社チタは日本のみならず海外からもオーダーがあるほど人気のあったヨット・ビルダーだった。もちろんヨットを製造するばかりではなく、おふたりで世界各地の海をクルージングされ、いくつもの国内外の外洋レースへ出場されている。丹羽徳子さんがメディアに載るときは「戦後の女性ヨット乗りの草分け」と紹介されることが多い。

ことほど左様に丹羽徳子さんは知識と経験のどちらも豊富な一流のヨット乗りだが、その華麗なキャリアのなかでもメルボルン大阪カップは、格段の思いをこめるレースなのである。

なにしろ記念すべき第一回大会にご夫婦で出場されている。一九八七年のことだ。夫の丹羽由晶さんが、蓄積されたデータがある伝統的なレースより、誰も経験したことがない第一回目のレースが大好きだったからである。伝統的なレースはスタート前からデータ分析をして戦略と戦術を組み立てられるが、第一回目のレースはすべてが未知の競技になり反射神経を駆使し臨機応変に即断即決してレースを展開するスポーツマンとしての素の実力が試される。これが由晶さんをして第一回目のレースが大好きな理由であった。
メルボルン大阪カップの第一回大会の開催が宣言されると、丹羽夫妻はただちにエントリー手続きをおこなった。今日まで三五年以上も続くこの国際レースに、最初に名乗りをあげた歴史的なチャレンジャーである。

ところが一九九〇年に丹羽由晶さんが癌を患ってしまう。由晶さんはヨット乗りをやめず癌治療をうけていたが、残念ながら一九九六年に永眠された。その前年、由晶さんは第三回メルボルン大阪カップに出場しているのだ。鎮痛剤をつかいながらのレースになったが見事に完走なさった。そういう思い出というには大きすぎるメルボルン大阪カップ第四回大会に丹羽徳子さんは出場されるのだ。

レース・スタート二か月半前の一月下旬に、丹羽徳子さんと寺川智子さんがメルボルンのサンドリンハム・ヨットクラブに停泊していたラッキーレディで合宿を開始しレース準備をしていると聞いて、ぼくはサンドリンハムへ挨拶に出かけた。家からクルマで一〇分もかからない近所であった。丹羽さんと寺川さんはどちらも初対面だったが、丹羽さんとは初めて会ったという気がしなかった。というのはヨット専門誌『ＫＡＺＩ』で丹羽さんご夫妻が活躍する記事を何度も読んでいたし、丹羽徳子さんのご著書『ガンと道連れ、ヨット人生』は愛読書の一冊であった。丹羽徳子さんは、よく知っている他人というか、ヨット乗りの有名スターというか、ようするにファンの読者が筆者に会ったということである。丹羽さんは想像していたよりも小柄で、外洋レースを何度も完走しているタフなエネルギーがどこにあるのかと思うほどであった。

丹羽さんと寺川さんのレース準備が順調に進行していたので、ふたりのスター選手をファンのぼくは後援会みたいな気持ちで何度か食事にお誘いした。我が家にもご招待して日本の家庭料理を食べていただいた。丹羽徳子さんはワイン一本をぺろりと飲んでしまう酒豪であった。やはりただ者ではなかった。

レース・スタート数日前に、日本からの四チーム八人のクルーと、その応援団のみなさん総勢三〇人ほどを招いて、我が家の庭で激励会のバーベキュー・パーティーを開催した。それは実に楽しい一夜になった。さらに翌々日はレース主催者が開催する前夜祭パーティーに我が家族三人が招待された。このパーティーでは日本チームのみならずニュージーランドやパプアニューギニアからエントリーしているチームのみなさんと交流することができて嬉しかった。

この前夜祭パーティーで知り合い、すぐに意気投合したグリーンホーネット・チームのブライアンさんは、ニュージーランドの漁具をあつかう会社の重役であった。笑顔がやさしく温和でタフなブライアンさんは、ぼくの息子が気に入ったらしくパーティーの間中ずっと肩車をして可愛がってくれたのである。だが、五日後、グリーンホーネット・チームは嵐の海で艇体を大きく破損し沈没してしまう。ブライアンさんは破損事故で負傷し動けなくなった相棒のロドニーさんとふたりで救命イカダで二五時間も漂流する。幸いなことにブライアンさんとロニーさんは救出されたが、そんなアクシデントが起きてしまうとはパーティーのときは思いもよらなかった。

空からヨット・レース観戦

いよいよレースのスタート当日をむかえた。このレースは二つのレグ（区間）で構成されている。第一レグはセレモニアル・スタートと呼んだほうがいい区間だ。ようするに祭典的スタートであって、本格的なコンペティションがスタートするわけではない。

メルボルン市はポートフィリップ湾に面している一九世紀中頃の開拓時代からの港町である。その港町の歴史的な桟橋がステーションピアーであり、メルボルン中心街の鼻の先といったところにある。この桟橋がメルボルン大阪カップのスタート地点なのだが、参加する全艇が集まってスタートすると、三〇マイル（約四八キロメートル）先の港町のポートシーで、早くも第一レグが終了する。ポートシーはポートフィリップ湾の内海の町だから、まだ外洋に出ていない。ポートシーで参加全艇が停泊し、各チームのクルーは上陸して、第一レグの表彰パーティーをしてしまう。無事スタートしたことを祝うパーティーと言ったほうが話がわかりやすい。

なぜ、こんなふうにスタートするのかといえば、それはポート・フィリップ湾の地理を理解しなければわからない。ポート・フィリップ湾は相模湾ぐらいの大きさの内湾であり、外洋とはソレント海峡でつながっている。このソレント海峡は東西から半島が突き出るように接近していて、海峡の距離はわずか二キロメートルである。内湾というには広い内海と外洋が、狭い海峡でつながっている。したがってソレント海峡は潮の干満によって激しい海流が生じ、逆流時になるとヨットは海峡を通過して外洋へ進むことができない。

だからソレント海峡の近くの港町ポートシーで一旦停泊して第一レグを終わらせ、翌日の潮の流れが外洋へ向かう時間に第二レグがスタートする。第二レグこそ本格的なレースのスタートだ。外洋に出た参加全艇はそのまま大阪をめざして、それぞれのコースを選んで太平洋を北上し、スピードを競う。寄港しなければならない港はない。

ぼくは第一レグのスタートを、知人のモーターボートから見学して、しばらく艇団を追跡し、いったん陸に戻って、今度はパイパー・チェロキーで空から見学することにした。

パイパー・チェロキーに乗ったのはシャングリラ・チームの応援団の三人だ。ムーラビン飛行場を離陸し、ポート・フィリップ湾の真ん中あたりまで飛ぶと、海面にヨット艇団が見えた。そこへ向けて下降する。ぼくが飛行機で声援をおくりに行くことは、我が家のバーベキュー・パーティで話しておいたから、日本からきた四チームはすぐに気がついてくれた。ルナ・プロミネンス、ラッキーレディ、天神玉子丸、浪速の各艇のクルーが手をふっているのが見える。海の上なので思い切り低空を飛行した。ヨットのマストより低い高度一〇メートルほどで艇団のまわりを旋回する。ここでマストに引っかかったりしたら笑い者になるだけではすまないから慎重に操縦した。

その晩にクルマでポートシーへ行き、第一レグの表彰パーティで再び選手たちと会ったら「飛行機、カッコよかったですよ」と言ってくれた。

翌日の第二レグのスタートはパイパー・チェロキーで空から観戦した。チェロキーに同乗したのは、ラッキーレディのオーナーの稲葉さん、八年前のこのレースでクラス優勝している浅生さん、ぼくの日本でのヨット仲間の西野さんの三人である。浅生さんにはメルボルン大阪カップにまつわる武勇伝がある。一九九一年にこのレースに出場するためにオーストラリアへ行くときに、二〇歳年下の女性に「オーストラリアへヨットのクルージングに行かないか」と誘った。女性が「そのクルージングで、どこへ行くの」と質問したので「大阪」と答えたという。その女性とは浅生さんの奥さんの梨里さんである。浅生さんと梨里さんはメルボルン大阪カップに出場して、そのまま結婚してしまった。浅生さんの豪快な生き方はヨット・レースや結婚だけではない。浅生さんご夫婦は、浅生さんの定年退職を機会に、ヨットで世界一周をなさった。

そのような御三方を乗せて、第二レグのスタート時間に現地に着くようムーラビン飛行場を離陸してソレント海峡へ向かう。ソレント海峡上空にはメディアの取材ヘリコプター二機があわただしく飛びまわっていた。おそらく撮影に熱中しているだろうから予想がつかない動きをするかもしれない。昨日のように海面ちかくまで降下するのは、ヘリコプターと衝突する可能性があるので、ぼくらは上空から艇団を眺めることにした。

海上は風があまりないらしく、スピネーカー（追い風専用の柔らかいセール）を展開している船もあるが、艇速が伸びていないようだ。そのようにソレント海峡を超えようと走るヨットに、ヘリコプターが至近距離まで近寄って撮影するものだから、ホバリングの風圧でヨットのスピネーカーがぐちゃっと潰れてしまった。これは気の毒だ。スピネーカーは微風でもパワーのあるセールだが、操作が難しいので、ホバリングの風圧をあびながらコントロールするのは至難の技だ。そのことをヘリコプターのパイロットは知らないだろうから、容赦なくスピネーカーを潰していた。

ぼくたちは第二レグのスタートを、やや遠目の空から観戦したあと、いったんソレント海峡の対岸にあるバーウォン・ヘッドのエアストリップに着陸した。七六二メートルの砂利の滑走路である。着陸してみると小さなクラブハウスがあってコーヒーが飲めた。クラブハウスの隣りに古い戦闘機がモニュメントとして残されており、飛行機も好きな稲葉さんと浅生さんはたくさん写真を撮った。

二〇分ほど休んで離陸した。ソレント海峡へ向かうと、レース艇団はちょうど潮の流れに乗って外洋へ出ようとしているところであった。渦を巻いているほどの海流を、ルナ・プロミネンスに天神玉子丸、浪速、ラッキー・レディが次々と進む。外洋に出てしまえば、もう地面を踏むことは大阪までない。

レースのスタート前から何か月も応援してきた日本チームのヨットが、こうして外洋へのりだしていく雄姿を見ていると、目頭が熱くなった。彼ら彼女らが、どのような思いでレースにエントリーし、メルボルンで準備にとりかかり、苦難と困難を乗り越えてスタートできたか、ぼくは知っている。これから始まる三〇日以上の外洋レースの日々は生半可なものではない。一瞬の判断ミスが命を脅かすことさえあるサバイバルな日々だ。「がんばれ、みんな!」とぼくは心のなかで叫んだ。

メルボルン国際空港離着陸

さて、メルボルン大阪カップをスタートして艇団を見送ったぼくには次の仕事が待っていた。三人の乗客はこの日の夜のフライトで日本へ帰るので、このままメルボルン国際空港タラマリン・エアポートまでお連れする仕事だ。

ところがぼくは、メルボルン国際空港に着陸したことがない。もちろん離陸したこともないのである。オーストラリアのすべての空港は、作戦活動中の軍事空港を除けば、自家用機の着陸が拒否されることはない。けれども大型ジェット旅客機が頻繁に離着陸するメルボルン国際空港に好んで出向く自家用パイロットは少ない。国際空港はいつも混んでいて着陸するまでに待たされ、着陸してからも待たされるし、離陸するにも待たされる。これが面倒臭いというのが最大の理由だろう。ERSAを見ても管制塔の周波数だけでアプローチ、デパーチャー、タワー、グランド、クリアランス・デリバリーとたくさんの種類があ

って手順がわずらわしいということもある。なおかつ離着陸一回の空港使用料金が一〇〇オーストラリア・ドルもする。だからぼくは訓練時から、メルボルン国際空港に着陸したいと考えたこともないし、管制圏内にも入りたくないので近づいたことすら一度もなかった。

だが、今回だけは、メルボルン国際空港へ着陸しなければならなかった。なぜなら、三人の日本からのお客さんが、メルボルン大阪カップの第二レグのスタートを観戦したあとに、メルボルン国際空港で帰国便に乗るからである。そういうことならムーラビン飛行場へ戻って、そこからクルマでメルボルン国際空港へ行けばいいじゃあないかと思うだろうが、それでは帰国便に間に合わないのであった。腹を決めてメルボルン国際空港に着陸することにした。

初めての面倒臭いことをやるためには、しっかりとした準備が必要だ。メルボルン国際空港を大混乱させりつもりは一切ない。フライト・プランを三日前に提出し、着陸許可をとった。前日にはフライト・スクールへ出向いて、主任教官のスティーブからメルボルン国際空港へのプロセデュア（手続き）を教えてもらった。基本的なプロセデュアはムーラビン飛行場と変わりないが、たとえばエンジンをかけるときはグランドの管制から「スタート・クリアランス」をもらわなければいけないといった細かなルールがあった。

そして当日を迎えた。ポート・フィリップ湾上空でレースのスタートを観戦したあとに四五〇〇フィート（約一三七二メートル）まで上昇し、ＡＴＩＳを確認したあとにメルボルン・タワーにコンタクトした。「メルボルン・センター、こちらパイパー・チェロキー、エコー・タンゴ・インディア。ポート・フィリップ四五〇〇フィート。着陸のため入港します。インフォメーション・ロミオの元、エアウェイ・クリアランスを要求します」

ここからメルボルン国際空港の管制下に入ったのだが、これが思っていたより実に楽なアプローチであったのだ。

「エコー・タンゴ・インディア。エアウェイ・クリアランス、アプルーブド、スクォーク4355、メインテイン・アルチチュード・アンド・ダイレクション」

ぼくはトランスポンダーを4355に合わせると、そのまま高度と方角を維持した。これによってメルボルンのレーダーには「4355機」として、ぼくのパイパー・チェロキーが確認されているはずだ。すると約二分おきに管制官から無線連絡がくるようになった。いずれも高度と方角の指示なので、その指示にしたがって飛べばいいのである。ATC（航空交通管制無線）も聞きやすい。なまじ中堅都市の管制塔だと、ローカルの話し言葉そのままなので聞き取りにくいが、さすがに国際空港ともなると、はっきりとした発音で、ゆっくりと言葉を区切って、しっかりと伝えてくる英語会話だ。国際空港だから母国の共通語が英語ではないパイロットの方が多いから、間違いのない通信連絡をとるためである。

夕方のメルボルンは薄靄がかかる日が多いので遠くがよく見えないから、いつもの有視界飛行なら、眼下の地形を目で追いながら現在地を確実に確認していく。しかしメルボルン国際空港の管制下にいれば、その目視確認がいらない。管制の指示どおりに飛んでいれば安全である。VOR（超短波全方向式無線標識）で滑走路の方角はわかる。いまぼくは空港を遠く左に見ながら大きく北側へまわり込んでいる。

「エコー・タンゴ・インディア。エクスペクト・ビジュアル・アプローチ・ランウェイ16」

この指示をうけたとき目の前に三六七五メートルの巨大な滑走路が現れた。あまり手前に着陸すると滑走路上を延々とタキシングしなくてはならないので、スレッシュ・ホールドの五〇〇メール先ぐらいを狙った。ファイナルアプローチでもフラップを使わず通常より二〇ノット（時速三七・〇四キロメートル）も速い八〇ノット（時速一四八・一六キロメートル）で着陸した。それでもエプロンへの交差点の手前で十分に減速できた。

グランド・コントロールに周波数を切り替え、エプロンへ誘導された。途中の交差点で、離陸のために移動中のカンタス767と遭遇する。グランドの指示により、向こうがブレーキをかけて一旦停止してくれた。大型旅客機の767の機体の下をくぐれるくらいの小さなパイパー・チェロキーが優先権をあたえられて、767の鼻先を通過する。それを見て浅生さんと西野さんが大喜びした。

国際色豊かな大型機が並んでいるターミナルビルのウィングへ誘導してくれるのかと期待していたが、それはやはり無理であった。ターミナルから二〇〇メートルほど離れた場所で待機せよと言われた。待っているとすぐに迎えのクルマがやってきて、帰国する友人三人はそれに乗ってターミナル方向へ運ばれていった。たぶんこういう扱いをするから着陸料が高いのだろうと思った。

パイパー・チェロキーの操縦席にひとり残ったぼくは「スタート・クリアランス」「タクシー・クリアランス」「エアウェイ・クリアランス」メルボルン国際空港の管制へ次々と要求し、問題なく離陸してムーラビン飛行場へ帰着した。そのとき大空港の離着陸が苦手だと思い込んでいたプライベート・パイロットのぼくは過去の人になっていた。

母のバンジージャンプ

一九九九年（平成一一年）七月になった。南半球メルボルンで過ごす三度目の冬がやってきた。今年も冬季試験実施のために準備をかさねてきて、日本からきた試験チームとともにニュージーランドへ渡った。試験コースはいつものワナカにある。三年間に何度も通ったワナカの美しい風景を目にすると、今年は感慨をおぼえた。この美しい風景をもう一度、ぼくは見ることがあるだろうか――。

メルボルンにおける駐在業務が、この冬を越えると終了し、日本の職場へ異動することが決まっていた。今年も冬季試験の現地責任者をつとめるが、同時に後任者への引き継ぎ業務をする。

たぶんこれでニュージーランドに滞在するのは最後になるだろう。そこで今回は業務のあとに一週間休暇をいただいて、家族を呼び寄せてキャンピングカーを借り、ニュージーランド南島を旅行することにした。

ニュージーランドやオーストラリアではキャンピングカーのレンタルはポピュラーだ。キャンピングカーのレンタル会社はＭＡＵＩ（マウイ）とＢｒｉｔｚ（ブリッツ）という大手二社があって、二名定員のワゴン車から六名寝泊りできるマイクロバスみたいなのまで豊富なラインアップから選ぶことができる。オーストラリアのＢｒｉｔｚにはランドクルーザーをベースにしたキャンピングカーがあって、これはアウトバックの原野を旅することができる。

ぼくらは日本から母がやってきたので全部で四人の道中である。ニュージーランド南島のクライストチャーチ空港のＢｒｉｔｚでＩＶＥＣＯ（イベコ）というイタリア製の大型バンを借りた。七月のニュージーランドは冬だからオフシーズンなので、レンタル料は一日四〇〇〇円ほどである。Ｂｒｉｔｚに顔が効く友人に予約してもらったので特別な割引料金かもしれない。ハイシーズンのクリスマス休暇の季節には、この五倍に跳ね上がるようだが、それでも四名が快適に寝泊りできることを考えると割安感がある。

この旅行のハイライトは、ミルフォードサウンドの遊覧飛行である。ぼく自身は三度目のミルフォードサウンド遊覧飛行だが、妻にも息子にも、そして母にも、この雄大な遊覧飛行を楽しんでほしいと思っていた。ぼくは自分が素晴らしい経験をすると、それを家族に経験させたくなる。絶景から絶景へと飛びまわるばかりか、ランチタイムの海峡シークルーズも楽しめるミルフォードサウンドの遊覧飛行は、その一つであった。ただし、いつものワナカ空港には六人乗りのレンタル機体がないので、クイーンズタウン空港で六人乗りのセスナ２１０を予約しておいた。

ところが運悪く、クイーンズタウン空港へ行くと、空港もその一帯も朝から低い雲に覆われていた。天候回復の見込みがなく、ＶＦＲ機（有視界飛行機）は飛べないのである。どうしようかと迷った。このままキャンピングカーでミルフォードサウンドまで行くと五時間もかかる。それではシークルーズに間に合わない。結局ぼくたちはミルフォードサウンド行きは諦めてワナカへ行くことにした。

ワナカへ行く途中に、思いがけない出来事が起きた。カワラウ渓谷の吊り橋でバンジージャンプをやっていたのである。すると母が、ぜひ飛んでみたいと言い出した。

母は数年前からボケ防止のためと言って英会話スクールに通い始めていたのだが、この頃にぼくはオーストラリアに、弟がアメリカに、それぞれ駐在になっていたので、母は英会話に磨きをかける名目でオーストラリアとアメリカを渡り歩く生活を満喫していた。その英会話スクールの講師に「今回はニュージーランドへ行くのよ」と言ったところ、講師が「それではバンジージャンプをやってきなさい」と言ったという。このとき母は還暦を迎えていた。

　バンジージャンプとは、どこか南太平洋の島の部族の成人の儀式であり、火の見やぐらから足につる草を巻いて飛び降り、大人としての勇気を表明する通過儀礼のイベントであった。母がこれにチャレンジすると言い出したので、ぼくは驚いた。しかし還暦イベントとしては、きわめて冒険だが、本人がやってみたいのだから、息子としては見守るという他に選択肢がない。年寄りの冷や水だと口をはさむ気はぼくには一切ない。人は自分がやってみたいことをやればいいのであって、それが少々刺激的なことであっても、無謀でもなければ犯罪でもないのであれば、楽しめばいいとぼくは思っている。ぼくが知らなかった母のもう一つの顔を見たような思いがして、それは大変にチャーミングであり、母への人間的な興味と信頼が深まった。

　なにしろこのカワラウ渓谷の吊り橋のバンジージャンプは、当代流行のバンジージャンプの元祖なのである。アイデアに優れたビジネスマンが南太平洋の儀式をヒントにして、伸び縮みするゴム式のロープを開発し、一九八八年（昭和六三年）に観光アクティビティとしてのバンジージャンプの営業を開始したのが、ここカワラウ渓谷だった。大人気となったバンジージャンプはニュージーランド名物になるばかりか、あっという間に世界各地に広がった。元祖の高さは四三メートルであったが、いまは一〇〇メートル・クラスがざらにあり、ヘリコプターを使って二〇〇メートル落下するのもあると聞いた。

　カワラウ渓谷のバンジージャンプは幹線道路沿いにあるので、クルマを停めて見学している人が多い。ぼくが三年前に初めて見たときは、女の子が飛ぶところだった。彼女は白いセーターを着ていたのだが、ジャンプして頭から落下する勢いでセーターが首のあたりまでずり落ち、ブラジャーをしていなかったので見事な乳房があらわになってしまった。さらにゴムロープが伸びたり縮んだりするから、彼女は橋の半分くらいの高さまで何回も空中を舞い、そのたびに乳房がプルンプルンと揺れる。橋のたもとから見ていたぼくたち見学者は、やいのやいのと大喝采をあげた。

母がバンジージャンプの申し込み書類を書いていくのを手伝った。この書類は自己責任でバンジージャンプをする承諾書でもある。その生年月日欄に母が一九三九年と書くと、料金が無料になった。シニア割引だ。こうしたアクティビティにもシニア・サービスがあるとは知らなかった。

母がジャンプするときは吊り橋のたもとから見ていた。母はあっさりと飛んだ。自分からやりたいと言い出したのだから、こういうスリリングなことが好きなのだろうが、度胸がすわっているのか、怖いもの知らずなのか、見事なものである。さっきからジャンプする人たちを見ていたが、いざ飛ぶとなるとやっぱり怖くなるようで呼吸をととのえてからジャンプする人はザラにいる。なかには尻込みしてジャンプしない人もいた。

しかし飛んだのはいいが、ゴムロープの伸び縮みで上下左右した母は、そのままだら〜んと力なく吊り下がってしまった。もしや気絶したのかと思ったが、その心配は無用であった。下の川で待機していたゴムボートが近寄っていくと、母は係員に手を伸ばして無事に回収された。ぼくらのところへ戻ってきた母は「下を見ないで遠くの山を見ながら踏み台の上に進み、そのまま前に倒れこんでリラックスしていればいい」と飛び方の説明をうけたと楽しそうに言って、こうのたもうた。「そうしたらぜんぜん怖くなかったわよ」。

エコー・タンゴ・インディアと母の記念撮影。還暦でバンジージャンプに挑戦した母はとても元気で快活で、メルボルンの自宅近隣の人ともすぐ友だちになった。

人懐っこい母は近所の子供たちとも仲良くなり、息子を連れて一緒にハロウィンの" Trick or Treat"に参加していた。

母の心底から楽しんだスリリングなチャレンジを見ていて、ふと思いついたのはワナカ空港でやっているピッツ・スペシャルのエアロバティック・ライドに妻を乗せてみようというアイデアである。「やってみろよ」とぼくが妻へ誘い水をさすと、妻は「いいわよ私は」と一度は気兼ねしたが、まんざらでもない目をして笑顔を見せている。つまり怖いから嫌だという意味ではないことがわかった。何がなんでもやってみたいというわけではないので、ちょっと遠慮しただけなのである。「まあ、そう言わずに」とぼくは言葉を重ね「こんな経験は日本へ帰ったら絶対に体験できないぞ」と押し売りを続けた。ちなみにピッツ・スペシャルのエアロバティック・ライドの料金は、当時は円高だったので日本円で一万五〇〇〇円ほどだ。あれだけ凄いアクロバット飛行を楽しめて、こんなに安いのである。一生に一度のチャンスとしか言いようがない。

「そんなに勧めてくれるのならば、やってみましょう」と妻は答えた。この人はもしかすると最初からやる気があったのじゃないかと、ほんの少しぼくは思った。

P51 - Dマスタング

ところがワナカ空港に着いてみると、今度はぼく自身のアドレナリンが沸騰し頂点に達しそうな空前絶後のアクティビティがあったのである。

ワナカ空港のエアロバティック・ライドの事務所へ行って、妻が乗る申し込みをしたいと受付に伝えたとき、受付の後ろの壁に貼られた一枚のポスターにぼくの目が釘づけになってしまった。ポスターには第

妻はピッツ・スペシャル機でのアクロバット飛行を楽しんだ。さすがに小型飛行機には乗り慣れているので気分がわるくなったりしなかった。飛ぶ前に息子とふたりで記念撮影。

ピッツ・スペシャル機に乗り込む妻は、ちょっと緊張した表情であった。それは、そうであろう。初めてのアクロバット飛行である。しかし心配はまったく無用だった。

二次世界大戦のアメリカ軍の戦闘機であるP51-Dマスタングの大きな写真がドーンと印刷されていた。このとき第二次世界大戦が終結した一九四五年から五四年が過ぎていたが、一九六四年生まれの乗り物好き少年であるぼくはP51-Dマスタングの名前とシルエットぐらいは知っていた。液冷のV12エンジンを搭載していることで、同じく液冷のドイツ旧空軍戦闘機のメッサーシュミット109や日本の旧陸軍三式戦闘機＝飛燕（ひえん）に似たシルエットであることも知っていた。

そのポスターは、P51-Dマスタングによるエアロバティック・ライド営業開始を知らせていたのである。第二次世界大戦で名を馳せたレシプロ・エンジンの名戦闘機に乗せてくれるのだ。ぼくは俄然と興味を惹かれた。おそらくP51-Dマスタングはプロペラがついた単座戦闘機のなかで最高レベルの性能であろう。なぜならアメリカ軍の戦闘機は第二次世界大戦最終期から徐々にジェット・エンジン機になったからである。だからレシプロ・エンジンの戦闘機としては、最期の世代であり、しかもP51-D型はマスタングの後期モデルの白眉と評される。そのハイレベルの凄まじい高性能が楽しめるエアロバティック・ライドのアクティビティなのである。このP51-Dマスタングのニックネームは「ミス・トルク」でエンジン・パワーは一二〇〇馬力（！）とポスターに書いてある。ぼくのパイパー・チェロキーは一五〇馬力だから、その八倍だ。想像するにとんでもない加速力、上昇力がある。さらには軽くて剛性が高い機体であるはずだから、恐ろしいほどに機敏な動力性能があるにちがいない。

これは乗ってみたいと思った。そう思った次の瞬間には、受付の人に矢継ぎ早で質問していた。「これ乗れるのですか」「乗れますよ。アクティビティですから当然です」「でもP51-Dマスタングは単座のひとり乗りでしょう」「ええ、オリジナルは単座です。博物館に置いてあったときまでは単座でした。でも飛べるようにレストアしたときに複座にしたのです」「乗客が乗るのは前の席ですか」「あなたは前の座席に座り、パイロットが後ろの席で操縦する」。ぼくは妻のエアロバティック・ライドの申し込みそっちのけで質問を続けた。興奮していたからだ。

「前の座席にも操縦桿がついているのですか」「イエス」「オーストラリアのプライベート・パイロット・ライセンスを所持しているが、操縦させてくれますか」「イエス」「エアロバティックのトレーニングをうけていて、まだエンドースメント（承認）をもらっていないのだけれど、ループ（空中回転）をやっていいですか」「イエス」。

つい一か月前からエアロバティックのトレーニングを始めていたのだ。これは千載一遇。P51-Dマスタングに乗るのが、吾が運命であったとは知らなかった。

だが、その料金に仰天した。三〇分間の飛行時間で、二〇〇〇ニュージーランド・ドルである。当時は圧倒的な円高であったが、そのレートでも一四万円だ。一分間が約四六六七円である。旅客機のディスカウント・チケットだったら、日本とニュージーランドを往復できてしまう値段だ。たしかに旅客機は一〇時間以上も窮屈なエコノミーシートに押し込まれる朝昼晩の食事つきだが、急降下急上昇もなく空中回転などしない。それにしても三〇分で一四万円は高すぎる。あの頃の学生が単位を落としそうになるぐらいアルバイトに励んでもらう月収と同じぐらいだろう。

だけれど一生に一度のことではないか。このチャンスを逃したら、二度とチャンスをつかむことはないだろう。少なくとも日本でこんなチャンスに出会うことは絶対にないと言い切れる。なにしろ面白いなんてものじゃあないだろう。F1ファンがF1マシンに乗るごとく、鉄道マニアが新幹線を運転するごとく、山登り好きがヘリコプターでエベレストの頂上に立つようなものだ。

ぼくはそんなことを考えながら、横にいた妻の目を見た。妻は「しょうがないわね、飛んできなさいよ」と言った。何もかもすべてお見通しだった。

こうして、妻が乗るピッツ・スペシャルとぼくが乗るP51‐Dマスタングの両方のエアロバティック・ライドを申し込んだ。ピッツはすぐに乗れるが、P51‐Dマスタングは準備に一時間ほどかかるそうだ。

そのことを了承すると、必要書類にサインをして、クレジットカードで支払いをすませた。

ただちに受付の人が、妻へパイロット用のジャンプスーツを手渡した。彼女はそれを着衣の上から着込んだ。そして事務所の裏手に駐機してあったピッツ・スペシャルへ案内された。妻がピッツに乗り込むときに、息子がどこで覚えたのか「ママ・パイロット、いってらっしゃい」と声をかけ、気をつけの姿勢をして敬礼をした。子供心にも緊張感みなぎる雰囲気を感じたのであろう。

妻がコクピットに乗り込んだあとの六点式フルハーネスの安全ベルトの締め上げは、念のためにぼくがやった。日常生活のなかでフルハーネスを締めるということはまずないので、きっちりと締め上げる必要があることを多くの人たちが知らない。これが緩いと体がブレて動いてしまい危険なのである。

「気分がわるくなったり、もう嫌だ限界だと思ったら、右手を上げて後ろのパイロットに合図するんだぞ」と妻に伝えて、キャノピーを閉めると、ピッツ・スペシャルは離陸していった。三年前にぼくが乗ったときと同じように、螺旋を描きながら空港の上空を昇っていく。澄んだ青空にぷかぷかと浮かぶ雲のあたりまで高度を上げた。ぼくは目測でだいたいの高度がわかるようになっていたから、その高度はたぶん五〇〇〇フィート（一五二四メートル）程度だ。その高さで空中回転が始まった。

偶然に出会った観光アクティビティ用のP51-Dマスタング。第2次世界大戦中のアメリカの戦闘機である。もちろん乗った。許可され操縦した。凄い動力性能だった。

大型の液冷V12気筒エンジンを搭載しているのでロングノーズである。キャノピーの開き方がカッコいい。パイパー・チェロキーよりひとまわり以上大きい。

上昇して背面飛行になるまではブーンというエンジン音が大きくなる。そこからは落下するのでパイロットはスロットルを半分もどすから、エンジン音はいったん小さくなる。円の真下に来ると再び機首を引き上げてエンジン全開。この瞬間には胃袋を鷲掴みにする四Gの加速度がかかっているはずだ。このループが四回も続いた。妻の引きつる顔が見える気がする。ビデオ・カメラで撮影していたぼくの足元で、息子が「ママ、がんばれー」と叫んだ。ループ四回連続は、誰が見たって凄い飛行なのだ。

ピッツ・スペシャルの強烈な飛行は止まらない。妻は右手を上げていないのだ。背面飛行から急降下と急上昇が連続するインメルマン・ターンへ展開していく。この飛行は、ループほどGがきつくないが、目がまわる。アクロバティック・ライドの大団円は五連続ループであった。そして着陸し、妻は無事に降りてきた。

「面白かったわよ、ジェットコースターみたいだった」

妻が上気した笑顔でそう言った。ほお、君もなかなかやるじゃないか。この二年間、ぼくの横でパイパー・チェロキーに乗っていたのは伊達じゃなかったな。

それから三〇分ほど航空博物館を見学していたら「ミスター・ハセガワ、ユア・エアクラフト・イズ・レディ」とアナウンスがかかった。指定の場所へ行くと芝生の上にP51-Dマスタング「ミス・トルク」が鎮座していた。

ジュラルミンむき出しで塗装されていないシルバーの機体がまぶしい。この剥き出しの輝く金属肌の機体というだけで特別の存在感がある。見ているだけで心がぞくぞくして騒がしくなる。プロペラは大型の四枚羽根だ。ちなみにパイパー・チェロキーは二枚羽根で、P51-Dマスタングのプロペラとくらべると、まるでスケールモデルのように小さい。大型のプロペラは猛烈なエンジン馬力を物語る。

あらわれたパイロットは、三年前にぼくがピッツ・スペシャルに乗ったときに操縦していたグラント君であった。彼はぼくのことは覚えていて「ようこそ、またきたね。今回はピッツよりずっと凄いコンバット・フライトを体験していただこう」と言った。

さっそくぼくはコクピットに乗り込み、座席にあったフルハーネスで体を固定する。しかし、かなり緩い。これでいいのかなと思っていたら、後ろの操縦席にいたグラント君が言った。「いま締めたフルハーネスはパラシュートのものだ。もう一つフルハーネスがあるだろう。そっちがシートベルトだから、それで体を固定する」。そしてパラシュートの使い方を説明した。「もし脱出しなくてはならなくなったら、ぼくが合図をする。そのあとにキャノピーを開けて飛ばす。そうしたら君はシートベルトだけを外してコクピットから立ち上がり、機外へ飛び出す。主翼に引っ掛からないように気をつけてね。空中に出たら胸の紐を引く。するとパラシュートが開く」。なるほど座席の一部がパラシュートになっているのだった。しかしぼくはパラシュート落下の訓練を受けていないので、やや不安が残った。そのときになったら、言われたとおり冷静にやるしかない。だが、主翼に引っ掛からないように注意するということが具体的にぴんとこない。そのときになったら考えればいいことの一つとしよう。

「パラシュートを使うような羽目になっちゃったら、今日の夜は一杯おごるよ」。グラント君が軽口をたたいた。実にアクロバティックなパイロットらしい言い草である。

エンジンをかけると、さすがに凄い迫力である。排気音が鼓膜をぶっ叩くように揺さぶるだけではなく、その音と振動が腹の底に響くのだ。

「タキシングをやってみるか」と言われたが、前方視界は空しか見えない。

P51‐Dマスタングは日本語では尾輪式といい、オーストラリアの連中は「テイル・ホイール」と呼んでいるスタイルなので、主翼の下の二輪と機体最後尾の小さな一輪で接地している。だから陸上での姿勢は、機首が斜め三〇度ぐらい上を向いており、したがってコクピットからは空しか見えない。ぼくのパイパー・チェロキーやほとんどの旅客機は、主翼の下に二輪あるのは同じだが、もう一輪が機首にある前輪式なので、地上での姿勢は地面と平行になるので前方視界が確保されている。

先月に訓練で乗ったパイパー・デカスロンがテイル・ホイールだったので、ぼくは前方が見えない機体のタキシングのやり方を習っていた。ようするにジグザグ走行をして左右斜めの視界を頼りにタキシングしていくのである。

滑走路にラインアップして、さあ離陸だというときも前方正面は見えていないから、ランウェイの方向と機体が向いている方向を、まずは計器盤にあるコンパスで確認する。発進加速中は滑走路両脇との間隔を見て測り直進を確認している。スピードにのってきたら「機首の押し下げ操作」をする。押し上げではなく、逆の押し下げである。これによってテイル・ホイールが地面から浮いて主翼二輪走行となり、ようやく前方正面の視界がひらける。このとき機首を押し下げすぎると地面につんのめってしまうから、慣れていない機体では細心の注意が必要だ。そうして離陸速度まで加速したら、押し上げの操作をして飛び立つことは言うまでもない。

というわけなので、タキシングから離陸の操縦は、グラント君にやってもらわなければならなかった。初めてP51‐Dマスタングに乗るぼくが安全にできることではないからだ。しかしぼくは操縦桿とペダルに軽く触れていた。これらのコントロール系は主操縦席のそれと連動しているから、グラント君の操縦方法を学習できるからである。

グラント君の操縦で一つ学んだのは、スロットルを全開にした直線加速をしながらラダー（方向舵）とエルロン（補助翼）を大きく踏み込んでいることであった。こういう操作をパイパー・チェロキーではしない。たぶんこの操作は、大馬力と強力なトルクで大きな単発プロペラが回転すると、その反力をうけた機体が反対方向に回ろうとするから、それをキャンセルするための操作なのだと思った。ヘリコプターのテールローターが、機体の回転をキャンセルする方向に作用するのと同じである。なるほどなと納得できた。

猛烈な加速で離陸し、一二〇〇馬力の急上昇を楽しみ、ワナカ湖の上空あたりまで一気に飛ぶと、後ろのグラント君から「さぁ好きにやっていいぞ」と声がかかった。ぼくの目の前には計器盤がないので高度や速度が正確にわからないが、とりあえずループをやってみようと思った。操縦桿をいったん前に倒し機首を下げてスピードをつけたら、次には思い切り機首を上げそのまま天を向き、背面になって地面を頭の下に見たら真っ直ぐ急降下する。操縦桿を操って水平飛行から急上昇へと円を描く。ループのときの上下加速度は四Gだ。胃袋が鷲掴みにされるような重力が腹にかかる。飛行速度が速いから、四Gのループでも、ピッツ・スペシャルやパイパー・デカスロンとは円の直径がちがう。計算式は$\alpha=V^2/R$なので、速度が二倍だとしたらループの直径は四倍も大きくなる。このときのワナカ湖上空には小さなちぎれ雲が浮いていたが、ループのたびにこれらを突き抜けて上に出たり下に出たりしていた。速度は体感で二〇〇ノット（約時速三七〇キロメートル）ぐらいだったから、四Gの遠心力が出ているとして、半径で二六五メートルの円を描いていることになる。高度差にして二〇〇〇フィート（約六一〇メートル）の円だ。雲の一つ突き抜けるのは当然だ。

バレル・ロールも試してみた。これは機首下げによる加速から機首上げをするところまではループと同じだが、六〇度ほど機首を上げたところで、操縦桿を引いたまま横に倒し、ロール挙動に入る。すると機体は上昇しながら背面を向き、そのまま再び下降しながら水平飛行へ戻る。あたかも横向きに置いた樽の壁に沿ってぐるっと一周しながら飛んでいるように見えるので、バレル（樽）ロールという。

ぼくはエアロバティックはこの二つしか習っていないので、こればっかりやってP51‐Dマスタングの高性能を思い切り楽しんだ。エアロバティック初心者でも身体でわかる抜群の運動性能である。たしかにP51‐Dマスタングは第二次世界大戦中の名戦闘機なのだから素晴らしい性能があるのは当然といえば当然だ。戦闘機が劣っていたら戦争に負けてしまう要素になるから、ありったけの技術で最高性能をもたされるべく開発された機体であろう。それにしてもパイロットの思いのままに飛ぶ。ぼくの腕前ではP51‐Dマスタングのすべての性能を楽しむことはできないのだが、あまりにも操縦が楽しいので、ループとバレル・ロールをそれぞれ一〇回以上もやりまくると、へとへとに疲れ、集中力が切れてきた。やっぱり激しく緊張するのである。もう限界だ。グラント君へ「十分に満足した」と伝えた。

するとグラント君が「ロックンロール！」と叫んで、そのまま左に九〇度ロールしながら首が痛くなるような強烈な反転をしたかと思うと、「アターック！」と再び叫び、眼下を飛んでいた遊覧ヘリコプターへ向かって真っ直ぐ急降下を始めた。P51‐Dマスタングはヘリコプターの直上で機首を上げて垂直に離脱した。そして上空で背面に反転すると、もう一度そのヘリコプターへ急降下して攻撃を仕掛ける。「おい、こんなことしていいのか」とぼくは叫びたくなったが、ヘリコプターは動揺することがなく、そのまま悠長に遊覧飛行をしている。

ワナカ空港上空まで引き返してくると、今度は空港への急降下バクゲキが繰り返された。もの凄い勢いで空港の建物に接近し、垂直に離脱すると、きりもみで反転して再び別の建物へと急降下していく。ここでも「こんなことして空港管制から怒られないのか」と思った。やがてグラント君は空港へ着陸しようとしているセスナ172にまで攻撃を仕掛けたのである。セスナのファイナルだから八〇ノット（約時速一四八キロメートル）ぐらいで飛んでいるはずだが、そのセスナがほとんど停止しているように見えるぐらいの、もの凄い勢いで、真正面から接近して眼前を急上昇する。

やりたい放題ではないか。でも誰も怒りはしない。なぜ、誰も文句を言わないのか。黙って見ているのか。これは日本の芸能言葉でいえば洒落というやつだ。英語ではジョークになるか。やんちゃ、イタズラ、悪タレというか、つまりハードな冗談なのである。かなり大胆不敵だが、面白いからいい。だからみんな笑って許す。怒ってしまったらジョークがわからない堅物のつまらない大人だと思われてしまう。

なにしろワナカ空港のパイロットはみんな顔見知りの仲間だから「グラントがまたやっているよ」としか思っていない。なかには生真面目な人がいて、大事故になったら死人が出るぞと憤っているかもしれないが、そういう人がいなくては世の中が洒落だらけになって世間が成り立たなくなる。とはいえ、こんな過激な洒落を許されるぐらいの腕前を、みんなに認めさせているグラント君のテクニックがあってのことであろうし、彼の憎めない人柄もみんなに愛されているはずだ。ぼくもまたグラント君のスポーツセンスあふれる人柄にあらためて感心し、その凄腕のアクロバティック・ライドのテクニックに脱帽したものだ。

こうして三〇分一四万円のＰ51‐Ｄマスタングによるアクロバティック・ライド・アクティビティが終わった。ここまでやってくれれば一生に一度の体験として一四万円の値打ちがあるというものだ。

Ｐ51‐Ｄマスタングから降りたぼくは、まだ興奮さめやらずだったが深く満足している自分自身を発見できた。そしてグラント君に質問した。

「いまの飛行で、何回目になるの」

「そうだな、二〇回ぐらいかな」

「いったい誰が、Ｐ51‐Ｄマスタングに乗りたがるのだろう」

「昔マスタングを飛ばしていたアメリカの退役軍人が、懐かしくてまた乗ってみたいというリースが多いなあ」

「なるほど。ぼくみたいなプライベート・パイロットはいたか」

「何人かはいたよ。でも、いずれにしてもアジア人で、この機体を操縦したのは君が初めてだ」

ぼくはこのとき、第二次世界大戦中のアメリカ軍戦闘機Ｐ51‐Ｄマスタングを操縦した、ハードな洒落がわかる、物好きな唯ひとりのアジア人になった。実に愉快で名誉なことであろう。

Epilogue
さらば
エコー・タンゴ・インディア

三年間のメルボルン駐在期間はあっという間に過ぎ、帰任が半年後に迫ってきた。

そもそもは駐在期間だけの夢と割り切って始めたはずのスカイ・ライフだったが、その夢が終わるとなると、何とかしてパイパー・チェロキー‥エコー・タンゴ・インディアを日本へ持ち帰り、日本でもスカイ・ライフを楽しめないかと思うのは人情というものだろう。

しかし、日本で自家用機を所有してスカイ・ライフを楽しんでいる人に会ったこともなければ見たこともなかったので、大変に難しいことなのだろうとは思っていた。ようするにお金がかかる。小遣いを節約して趣味にお金をかける程度で済む話ではないことはわかっていた。

ただしぼくは、そう思っただけで諦めたくはないのである。学生時代にヨットに乗りたいと思い、それを実現するまでに一〇年ほどの時間がかかった。友だち仲間と共同でヨットを所有し、共同で管理をしてヨット・ライフを楽しむ道を開拓できたからである。そういうことがスカイ・ライフでもできないかと考えていた。

まずは条件を調べてみることだ。日本でスカイ・ライフを楽しむための条件がわかれば、そこをベースに考えることができる。そうすれば何かグッドなアイデアを思いつくかもしれない。

最初にプライベート・パイロット・ライセンスの切り替えができるかどうかを調べた。これはすぐに調べがついた。切り替えができる。クルマの運転免許証と同じでオーストラリアのラインセスを日本のライセンスにすることができる。

では、エコー・タンゴ・インディアを持ち帰って所有することができるだろうか。このことについては法律的にも金銭的にも両面から調べなければならない。そこでインターネットのパイロット・フォーラムで協力を頼んだり、日本でグライダーをやっている知人に訊ねたりした。

その結果、パイパー・チェロキーを持ち帰り日本で所有することは法律的に可能だということはわかった。だが、やっぱり問題は諸費用であった。

オーストラリアで登録されたパイパー・チェロキーを日本で登録しなおすには機体検査が必要で、その費用は二〇〇万円（当時）をくだらないという。オーストラリア登録のまま日本で飛ぶことは可能だが、日本で飛ぶときの申請など運用が非常に厄介になり、一年に一度は機体そのものを出国させて入国しなおさなくてはならないそうである。こんなに手間がかかるのであれば、これは趣味というより仕事であろう。気ままな趣味のスカイ・ライフをしたいのであれば、日本で登録するための二〇〇万円の経費を使う他はないのであった。

さらに機体の置き場所が高い。関東の首都圏とは言い難いところにある民間飛行場の年間駐機代が一〇〇万円だと聞いた。メルボルン市の郊外のムーラビン飛行場の年間駐機代は六万円だったから、比べものにならないぐらい高い。しかし当時の東京都心の一等地でのクルマ年間駐車代が一二〇万円もしたのだから、それに比べれば少し安いのであった。

こうしてわかったことは、パイパー・チェロキーを日本へ持ち帰るだけで、まず三〇〇万円必要ということだが、実際にはオーストラリアから日本へパイパー・チェロキーを運ぶ経費がさらに必要だ。自分で操縦して日本へ飛んでいけばいいのかもしれないが、その腕前と時間があるかどうかと言われれば、ぼくにできることではない。そうなると日本へ運ぶ経費として一〇〇万円ぐらいは計上しておいた方がいいだろう。これで日本へ持ち帰るためのさしあたりの予算は合計四〇〇万円ということになる。

パイパー・チェロキーを買ったときの値段はたしか二八〇万円だったたから、いったいこれはどういう計算になるのか。オーストラリアと日本では自然も文明も文化も社会の仕組もちがうし、そのことによって値段がちがうことはわかっているつもりだが、極端な値段のちがいを目の当たりにすると、計算しているうちにため息が出る始末であった。

ヨットのように友だち数人との共同所有を考えたが、信頼できるメンバーが日本ですぐに揃うかといえば、プライベート・ライセンス所有者が数少ない日本で、それは現実的ではないようだ。自家用飛行機を所有して飛びたいと夢見ている人たちは多数いるだろうが、ヨットのように初心者がクルーの一員になって学習しながら一人前に育っていくという環境がないと聞いた。

ここらあたりでぼくはパイパー・チェロキーを日本へ持ち帰るのを諦めた。残念だが現実を認めるしかない。しかしながら、ぼくの諦めを決定的にしたのは、飛行時間一〇〇時間もしくは一年ごとに必要な耐空検査の費用を聞いたときである。それは一〇〇万円だった。この費用はオーストラリアでは二〇万円から二五万円である。結局のところ、日本へ運んで登録する費用が三〇〇万円ぐらいで、日本で駐機して耐空検査をすると毎年二〇〇万円ずつかかることがわかった。この毎年二〇〇万円がオーストラリアでは毎年三〇万円なのだから、もはや何をか言わんやで、日本で自家用飛行機を所有して趣味にすることは、ぼくにはできない。そう思ったとき何だかさばさばした気持ちになったことを、よく覚えている。

パイパー・チェロキー：エコー・タンゴ・インディアを売却すると決め、ムーラビン飛行場やタイアブ飛行場のエアロクラブの連中に「帰国するので買いたい人を探している」と声を掛けた。売却価格もエアロクラブの連中に相談したが、二年間乗ったぐらいだったら買ったときの価格の一割引きで売れるはずだとアドバイスされたので、そうしてみると本当にすぐに買い手が出てきて売れてしまった。

記念写真撮影フライト

エコー・タンゴ・インディアを手放すと決めたとき、すぐに記念写真を撮ろうと思いついた。タイアブ空港のペニンシュラ・エアロクラブのクラブハウスの壁に、ずらりと並んで掛けられている額入りの写真を思い出したからである。それらの写真はクラブのメンバーが、美しい海や草原を背景にして悠々と飛ぶ姿が、アップで撮影されていた。古い写真はセピア色に変色した白黒であったり、なかにはパイロットの顔まではっきりとわかる写真もあった。こういう写真を撮りたいと思った。

ぼくの人生でもう一度、自家用飛行機を所有するときがあるだろうか。あればいいと思うが、宝くじの一等賞が当たらないかぎり、それは考えられない。だとしたら、自家用飛行機でオーストラリアを飛びまわっていた時代を記念する写真を撮っておきたい。その写真はぼくと妻と息子の人生を記録する写真になる。

さっそくムーラビン飛行場のフライト・スクールであるペーター・ビーニに写真撮影について打診してみると、撮影は可能だという答えだった。だが次の言葉は、ぼくをがっかりさせた。

「あなたはフォーメーション・フライトのエンドースメントを受けていますか。受けているならば、あなたの飛行機をあなたが操縦して撮影ができます。受けていないのなら、あなたの飛行機をインストラクターが操縦して撮影します」

フォーメーション・フライトとは編隊飛行のことで、複数の機体が至近距離で飛行する特別な飛行法だ。エアショーなどで滑走路に並んだ五機が同時に離陸していったりするのもフォーメーション・フライトの一種である。そういう特別な飛行法の訓練をぼくは受けていないから、エンドースメントを持っていない。そうなると、ぼくが操縦しているところを、アップで撮影できない。それでは、ぼくが操縦して飛びまわってきた、ぼくら一家のスカイ・ライフを記録する写真にならないのである。しかし諦めず、可能性を探った。

「それは法律でそう決まっているのか」と質問すると「法律ではないが、スクール・ポリシーだ」という答えだった。さらに詳しく質問していくと、複数が並んで同時に離陸するのは法律で規制されているが、空中を並んで飛ぶことを規制する法律はないそうだ。だが吾が母校のペーター・ビーニはスクール・ポリシーが厳しく、すべての種類のフォーメーション・フライトをするためにはエンドースメントを要求しているということだった。

いままで二年間のスカイ・ライフで「あのペーター・ビーニを卒業したのなら信頼できるパイロットだ」という言葉を何度も聞いてきたが、やはり吾が母校は信用第一の尊敬できるフライト・スクールだと思った。卒業生のひとりとして、ご同慶の至りと申し上げたい。つまり、厳格なフライト・スクールを卒業した信頼されるパイロットとしては、スクール・ポリシーの外であれば、エンドースメントなしで空中で並んで撮影してもいいというふうに理解しました！

翌日に駐在事務所の現地スタッフであるグレンに相談すると「友人のダグがセスナを持っていて、その手の撮影をしたことがある」と言う。「ぜひ頼んでくれ」グレンに伝えると、とんとん拍子に話は進んだ。ダグさんが彼の友人のセミプロの写真家とともに撮影してくれることになった。そのセミプロは何度も航空写真を撮っているので心配いらない。しかもセスナの燃料と写真撮影の経費だけ支払ってくれればいいという条件だった。頼んだ者としては、ギャラ無料というわけにはいかないだろうから、寸志を渡すつもりでダグさんへお願いした。

その週末にムーラビン飛行場で待ち合わせると、グレンと同年代のダグさんが、ずっと年配のカメラマンであるデイルさんをセスナに乗せてやってきた。その場で打ち合わせをしたが、デイルさんはベテランらしく撮影手順を的確に説明してくれた。

「撮影時間は一時間で、撮影ポイントは三か所だ」とデイルさんは言った。まずポート・フィリップ湾の上で背景はすべて海面というカットを撮る。これは海底の砂紋までくっきりと写る素晴らしいカットを狙ったのだが、この日の湾上は雲が多く残念ながらその狙いは叶わなかった。二か所目はソレントからセントアンドリュースの砂浜の海岸線を背景にする。三か所目はケープシャンクの断崖絶壁に突き出た岬と灯台が背景だ。撮影中の速度は八〇ノット（約時速一四八キロメートル）、高度は一〇〇〇フィート（約三〇五メートル）とし、背景となる地形に近づく必要はない。基本的にはダグのセスナが誘導するので、その五〇メートルほど斜め後方のやや下を飛んでほしい。もっと上、もっと下、近づいて、離れてというのは手でサインする。接近し過ぎに十分な注意をしてもらいたい。こう言ってから、デイルさんは手の平をこちらに向けて押し戻すようなしぐさをした。

「そして重要な操縦テクニックがある」とデイルさんは、いっそう真剣な目をして、はっきりとした口調で言った。「接近飛行の最中は絶対にエルロンを使ってはならない。近づくのも離れるのも必ずラダーとエレベーターだけでコントロールすること」。ぼくがイエスと答えてうなずくと「わかったね」と彼は念を押した。なるほど、そういうテクニックがいるのか。これはフォーメーション・フライトの訓練で習うことだろう。

ダグさんが「さあ出発！」と合図すると、デイルさんはセスナの後席に乗り込んで、ドライバーを取り出し右の窓ガラスを外してしまった。これでカメラのアングルの自由度が格段に大きくなるのだろう。デイルさんは専業の写真家ではないと言っていたが、これはプロの仕事だなと思った。

ムーラビン飛行場の管制圏を離れたあとは、約束しておいた周波数でダグさんと無線で話すことができる。ポート・フィリップス湾のアーサーズチェアーの沖合いで合流した。

「さぁ、ここらで一発目を撮ろう」とダグさんに言われ接近する。エルロンを使わない飛行は、やってみるとなかなか難しい。そもそもダグさんのセスナがまっすぐ一定速度で飛んでいない。彼のセスナはC210なので通常の巡航速度は一二五ノット（約時速二三一キロメートル）ぐらいだろうから、それを八〇ノットまで落として飛んでいるので、ふらふらするのかもしれない。

　デイルさんがセスナの窓から大きなレンズを突き出し、左手でもっと寄れと合図する。寄っていくと、今度は少し上、少し前と、合図してくる。ぼくは左手でステアリング、右手でスロットル・レバーを持ち、どちらも微妙に操作しながら、速度と位置のコントロールに集中する。ステアリングは押すと引くだけの操作で、左右にまわすとエルロンが作動するから、それは絶対にしてはならない。と自分に言い聞かせているのだが、こういうステアリング操縦をしたことがなかったので、ついつい両腕に力が入ってまわしてしまった。するとあっという間にセスナに接近する。デイルさんが慌てて「離れろ！」と両手で合図した。ちょっと肝が冷えたが、エルロンを使わないコツが少しわかった。同じスピードで飛んでいると、相手の機体が止まっているように見える。ところが実際には一秒で五〇メートルほど飛んでいるのだ。この感覚を把握して微妙で慎重な操作をしないと、姿勢の急激な変化が起きてしまう。ちょっとでも気を抜くと、姿勢がぶれる。エルロンばかりではなく、エレベーターも過敏に反応するのでふわっと上昇してしまう。

　こんなにも操縦桿の操作に集中したことはなかった。緊張と力の入れすぎか、左手が痺れてくる。こういうときは脇を締めると、ひじから先が身体と一体になって安定するので、両手の微妙な動きができるようになるのだが、これはラリー競技に出場してラリーカーの運転をきわめていくときに習得した技である。ただ操縦桿を動かしているのではなく、機体にかかっている空気の動きを操縦桿をとおして感じて把握し、その空気の動きに反応するように操縦桿を操作すればいいのだが、こうして言葉で書いているように操縦できるかといえば、それは口で言うほど簡単ではない。だが、乗り物の操縦の真髄を深めていくのは底なしのマシン・スポーツそのものだから、無限に面白い。

こうして三か所の撮影ポイントを二周ずつくらいまわって撮影し、ムーラビン飛行場に戻った。ダグさんのセスナは速度が速いので一足先に着陸していた。

ぼくが降りると、ダグさんが「うまくいったな！」と握手を求めてきた。「君の操縦は素晴らしかったよ。これだけベストなポジションを維持できたパイロットは初めてだ。絶対にいい写真が撮れたはずだ」とデイルさんが誉めてくれた。

二週間後に届いた写真は、ぼくを満足させた。とりわけケープシャンクの灯台をバックに飛ぶ一枚は、エコー・タンゴ・インディアに乗る、ぼくと妻と息子の顔が、はっきりと認識できるもので、素晴らしい記念品となった。

いまでも家の階段の壁に掛かっているこの写真を見るたびに、あの日々を思い出す。

メルボルン駐在を彩ってくれたパイパー・チェロキー：エコー・タンゴ・インディア。ムーラビン飛行場にて。最後の記念として航空写真を撮りたくなった。

メルボルンのシティを背景に。大らかな人びとがいて、自然が多く、多国籍の文化や料理が楽しめて、住みやすい良い街だった。

あとがきにかえて 「長谷川淳一とこの本」

私の夫である長谷川淳一から「本を自費出版したい」と聞かされたのは、昨年二〇二二年の一一月でした。

突然の話で驚きましたが、意外なこととは思いませんでした。夫はいつもいつも何かしら自分のやりたいことを考えていて、その夢が実現可能だと思うと、私に話して聞かせてくれていたからです。

恋人時代に新入社員でお金もないのにラリーというモータースポーツに手を出したときも、その挙句に海外の国際ラリー大会に出場したときも、結婚を機にユニークな自動車メーカーから大きな自動車メーカーへ転職したときも、自転車のロードレーサーに夢中になって走りまわったときも、仲間と共同でヨットを買って海の世界に踏み出したときも、そしてこの本に書かれているメルボルン駐在をチャンスとしてパイロットのライセンスを取得し自家用飛行機を所有したときも、あるいは新築の家の台所に業務用の大型ガスコンロを設備して料理の腕をふるったときも、夫はこれをやりたいのだと私に話してくれました。

どういうタイミングで私に話すかといえば、晩のご飯を食べているときが多かった。夫と私と息子の家族三人で一家団欒の時間をすごすときに、さらりと話してくる。クルマで出掛けたときに運転しながら話すこともあったし、週末の午後に彼が好きなＩＰＡ（インディア・ペールエール）ビールを飲みながらふいに話してくれることもありました。朝の出がけや、帰りしな靴を脱ぎながら、玄関で話を聞いたという記憶もあります。

生活を共にしたばかりの頃は、夫の新企画を聞かされると、お金はどうするのかしらとか仕事との折り合いをつけられるのかなと心配になったものです。ところが何度かそんなことがあると、私に話して聞かせるまでに、彼がしっかりと企画を固めて、予算と時間の都合などを見通していることを知りました。しかも夫のやりたいことは、私までがワクワクする楽しそうな企画で、そのときの貯金を使い果たすことはあっても、家族を路頭に迷わすような滅茶苦茶なことはありませんでした。それがわかってからは、私は彼が何を言い出しても安心して聞いていられました。ああ、そうなのと答えて、質問することもなかった。

だから私の友人たちが「旦那さんが好奇心旺盛で趣味に走るから、奥さんは大変でしょう」と心配してくれることはありがたかったけれど、私自身は大変でも何でもなく、また楽しいことが始まると思うだけでした。

三〇年前に結婚して私の夫となった長谷川淳一は、一度しかない人生を思うままに生きようと、つねにチャレンジ精神を持ち、どんなに悩んでも苦しんでも前向き思考を忘れずに困難を乗り越え、意気揚々と日々をおくっていました。

夫にも誰にも言ったことはありませんが、いま正直に書いておきたいことは、私にとっては夫こそが人生の醍醐味だったことです。夫のおかげで充実した人生を私は生きてきたと思っています。

しかし、この本を出版したいと、夫が話してくれたときは心底から心配になり、反対した方がいいかなとさえ考えました。なぜならば、夫はその年の夏に、ステージⅣbの食道がんを宣告されていたからです。

よく食べてよく飲む健康な夫でしたが、夏になる前からどうも食べ物の飲みこみがわるいと言い出して、八月に総合病院で診察をうけました。その結果は深刻で、食道がんが他の臓器に転移しているので、手術でがんを切除する段階にはなく、抗がん剤治療に望みをかけるという診断でした。夫とふたりで医師からその診断を聞いたとき、私は冷静でいられました。夫が動じていなかったからです。彼は自分の体が最悪な健康状態にあるという現実を、泰然自若にうけとめていました。夫は大きな夢を語る人でありましたが、現実を現実として理解し把握することが素早く、その現実をすべて素直に認め、そこから解決する方法を考えて確実に実行していく人でもありました。だから私も心配がつのったけれど、心を落ちつけて覚悟を固められました。

ただちに抗がん剤の治療が始まるのですが、体力があるうちにと抗がん剤治療の合間をぬって、夫は私と旅行に出かけました。親しい友人たちとキャンピングカーで何度も行った思い出がたくさんある伊豆の海が見えるキャンプ場へ行き、また以前から泊まってみたいと言っていた中央アルプス駒ヶ岳山荘に出かけたり、ヨットレースにも参加したのです。

しかし残念ながら、期待していた治療効果はあがりませんでした。それればかりか、がんが転移した肝臓の状態がわるくなり、恨めしいほど気候が良かった一一月の一か月間を入院ですごしました。夫はへこたれることなく積極的な闘病生活をおくりましたが、夫の体をむしばむがんを抑えることは難しくなっていきました。

「メルボルンに駐在したとき自家用飛行を買ってオーストラリアを飛びまわったじゃないか。そのことを書いた本を出版したいんだ」と夫が話してくれたのは、そんな一一月の末でした。私はいまから本一冊分の原稿を執筆をするのならば反対しようと思いました。原稿を書くなんて根をつめた大仕事をしたら体にさわると考えたからです。そのときは何よりも治療に専念してほしかった。

ところが「原稿は書き溜めてある」と夫は言うのです。私はまったく知らなかったのですが、たしかに夫のパソコンには、いつこんなに多くの文章を綴ったのかと思うほどの原稿がたくさん保存されていました。そこにはメルボルンに駐在した三年間でパイロットの資格を取得し自家用飛行を所有した生活がこと細かに書かれていました。私のことも息子のことも、そして夫の両親のことも書かれていたのです。彼は時間をみつけてはコツコツと原稿を書いていたのです。会社から帰った夜とか週末にパソコンに向かっている姿をよく見ていましたが、まさかメルボルンの思い出を書いているとは、私はまったく気がついていませんでした。

それればかりか「編集してくれる人も、出版社も決まっているから」と夫は言うのです。おそらく入院中に、いままで書き溜めた原稿を一冊の本にしたいと考え、必要な人たちへ連絡をとって出版企画を進めていたのでしょう。つまり、いつものように入念な準備が終わった段階で私に話してくれたのです。編集は海外の国際ラリーに出場したときに知り合った編集者である河野亜希子さんに頼んだそうです。河野さんは一〇年以上前に独立され編集制作の合同会社サンクを神奈川県川崎市で経営されています。その河野さんたちに相談して出版社の小学館スクウェアを紹介してもらったそうです。

私はこれまでと同様に納得するしかありませんでした。でも、私は、自分が生きた証を残したいと考えている夫の心情を思うと複雑な気持ちになりました。けれども、それ以上に、厳しい闘病中にもかかわらず、人生を目一杯生きようと思っている夫が、新しい企画に挑戦を開始している姿は、とても嬉しかった。

一月初旬に河野さんと編集を担当してくださる中部博さんが三島市の自宅まで打ち合わせに来てくださいました。夫と私は出版の素人ですが、河野さんたちの丁寧な説明を聞いて、その後につづく親切で的確な中部さんの編集作業に助けられて、本づくりを始めました。夫が書いた草稿に、河野さんたちが文字校正と校閲をほどこしてくれて、読みやすい原稿になってプリントされ私たちのところへ送られてきます。その原稿を読んでは書き足したり修正したりして、原稿を仕上げていきます。この原稿を仕上げる作業は、それが素晴らしい思い出を甦らせる時間になったばかりか、夫と私がまさに手をとりあい協力しておこなっていたので、とても幸せな時間になりました。夫婦ふたりで一冊の本をつくるとは考えてもいなかったことです。こういう穏やかで掛け替えのない時間がいつまでも続いてほしいと私は祈っていました。

年明けに在宅治療になった頃から「もう残された時間は、それほど長くない」と夫はときおり口にしましたが、調子のいい日とわるい日はあったけれど、それなりに落ち着いた在宅治療の日々をおくっていました。

二〇二三年二月五日未明、夫は旅立ちました。遠いところへ旅するのが好きな人でしたが、この旅に私がついて行くことはできず、帰るのを待つこともできず、見送るしかありませんでした。

夫は早期退職をして、世界の海をヨットで旅してまわるのが人生最後の夢でした。願い叶わず逝ってしまいましたが、人生を振り返ったときに後悔のないようにしたいと精一杯生きてきた人ですから、病を得たのは想定外だったでしょうが、最期まで彼らしく生き切ったと私は思います。

「Ｑｕｏｒａ（クオーラ）」というコミュニティ・スタイルのＱ＆Ａサイトに夫はときどき自分の意見を書き込んでいました。そのなかにこういう文章があったのです。

「そして支えてくれる家族や友人には誠実に、自分にも真摯にね。ぼくは飛行機買う時もラリーカー買う時も当時の持ち金全部使いましたが、それをしょうがないわねと笑って許してくれた女房にはただただ感謝です。彼女なんかいないダサ坊に育ったかと思ってたひとり息子が二か月前には気配りのできる優しい嫁を連れてきてくれました。憎いやつ、嫌いな奴なんてひとりもいない。仕事にも恵まれた。目を閉じれば楽しい思い出だけが頭の中に浮かびます。自分で言うのも何だが、これ以上幸せな人間って滅多にいないんじゃなかろうか。」

「そもそも人生の価値って生きた時間の長さじゃなく、過ごした時間の濃さですよね。という思考で生きてるのがぼく流です。」

これを読んだとき、私は何だかほっと安心しました。「今日に後悔がなければ明日に後悔はありません。」という一節もあって、私は泣きながら微笑みました。

そして長谷川淳一の妻として、私自身も後悔のない人生を生きてきたのだとつくづく思いました。きっと夫は、私がこの文章を目にして安心するように書き残してくれたのだとさえ考えました。彼はそういう思いを黙って実行する人だからです。

私は、まずは夫を見送る告別式をする仕事をしなければなりませんでした。「告別式は無宗教でやる、御香典などは頂戴しない」と夫は言い残しましたので、その意志にしたがい、ご縁をいただいたみなさまのご協力によって無事に三時間ちかい告別式をすませ、夫を荼毘にふすことができました。

夫は仕事と趣味で多くのみなさまのお世話になっていました。仲間になってくれる友だちがいたからこそ夢が実現できたと口癖にように言っていました。ひとりでは何事かを成すことができないことを知り、仲間を大切にする人でした。いや、みなさまというお仲間に恵まれたと言うべきでしょう。

頑固でときに憎まれ口をたたく夫がご迷惑をおかけしたと思いますが、ご交誼を頂戴したみなさまには深く感謝を申し上げます。ありがとうございました。

夫の告別式以後は各種の手続きに追われ、夫の母が体調を崩したこともあって、悲しむ間もないぐらいの速さで時間がすぎていきましたが、心の片隅にひっかかっていたのは、この本を出版しなくてはならないという私に託された仕事でした。合同会社サンクのスタッフのみなさんと小学館スクウェアのスタッフのみなさんのご協力があって、夫が逝ってからすぐに、こうして一冊の本を世に出すことができました。

この本には、私が愛した夫の生き方と、私たち家族のささやかではあるけれど充実した日々が描かれています。読み返してみると、生き生きと人生を楽しみチャレンジする夫の姿が甦ってきて、優しい夫の声が聞こえてくるように思えます。

欲を言えば、もう一度、メルボルンの空をふたりで飛んでみたかった。

つたない文章ではありますが、夫が綴った言葉を読んでいただければ嬉しく思います。

この一冊の本を長谷川淳一と出会ったすべてのみなさまへ捧げます。

二〇二三年八月一日　長谷川和代

最後の旅行 河口湖 大石公園のコキア

[著者プロフィール]
長谷川淳一（はせがわじゅんいち）

1964年神戸生まれ。東京育ち。87年に早稲田大学理工学部を卒業して富士重工業（現スバル）に入社し自動車開発技術者となる。89年にスバルを自主退職してトヨタ自動車に入社し自動車開発業務を続けた。

子供のときから乗り物が大好きで、モーターサイクル、ヨット、ラリーカー、自転車ロードレーサー、小型飛行機を所有し操縦を楽しむ。『大空に乾杯』は初めて書いた単行本である。

2023年病没。

大空に乾杯

2023年10月30日　初版第１刷発行

[著　　者] 長谷川淳一
[制　　作] 合同会社サンク
[発　　行] 株式会社小学館スクウェア
〒101－0051
東京都千代田区神田神保町２-19
神保町SFⅡ7F
Tel：03-5226-5781
Fax：03-5226-3510
[印刷・製本] 三晃印刷株式会社

造本にはじゅうぶん注意しておりますが、万一、乱丁・落丁などの不良品がありましたら、小学館スクウェアまでお送りください。お取り替えいたします。

Printed in Japan　ISBN978-4-7979-8132-2